菊川怜の
数学生活のススメ

For Beautiful Mathematics Life

Presented by Rei Kikukawa

菊川 怜 著

日本文芸社

はじめに

中学・高校時代の私にとって、数学は、公式を暗記して答えを求めるといったものではなく、論理的に考えることの楽しみを教えてくれるものでした。

ある前提から始まって、次の考えにたどり着き、結論へと導かれてゆく「脳の心地よいトレーニング」とも感じられるような。

その考える過程で出会った公式の意味を理解できて、素直に感動したり、敬虔な気持ちになったり。

実は学習塾や予備校には、教え方・問いかけ方が絶妙にうまい講師の方がたくさんいらっしゃいます。私の場合は「自分でものを考えることの大切さ」を教えてくれた、中高生時代通っていた塾の数学の先生との「出会い」に、いまでも感謝しているのです。

その後私が大学で、数学と実際の生活が深く結びついている建築学を学ぼうと思ったのも、ごく自然ななりゆきでした。私のなかで「ものを考える楽しみ」をベースに「ものを作る楽しみ」へと興味と意欲が移行したのでしょう。

そして現在の私の仕事である「女優」という立場から学生時代を振り返っても、数学から「考える楽しみ」そして「作る楽しみ」のある世界に没頭できたことは、かけがえなく幸せなことだったと考えています。一篇の映画や、舞台、TVドラマが出来上がってゆく過程は、やはり様々な役割の人達が「考える楽しみ」「作る楽しみ」を持ち寄って、真摯にコミュニケーションを取りながら、やがてひとつの作品へと結実してゆくものですから。

さて、日々の生活で「数学」センスを発揮して、理にかなった、賢く美しい生活を送っている方も多いことでしょう。一方で、中学・高校以来数学から遠ざかって…、数字は苦手なんだ…、という方の中にも、きっと、そんな「数学」センスが、いまはちょっと眠っているだけなのでしょう。

この本は、数学を私たちの身近な生活に引き寄せたQ＆Aを通して、読者のみなさんに「考える過程」を楽しみつつ、「数学」センスを磨いていただきたい、という思いで書き上げました。あわせて私の好きな歴史的な建築物・美術、音楽などの美しさの秘密に数学が深く関わっていることにも触れています。

私たちが心豊かな生活を送るために、数学はその力を惜しみなく与えてくれている…。そんなことを感じていただければ幸甚です。

2011年7月　　菊川 怜

菊川怜の数学生活のススメ

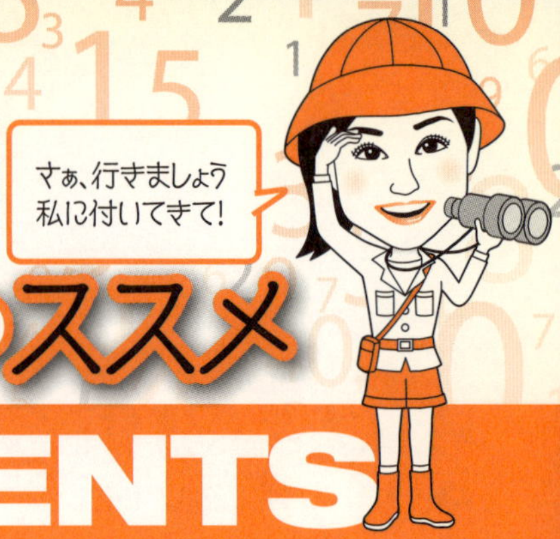

さぁ、行きましょう
私に付いてきて!

CONTENTS

第5章 磨こう!「数学」センス 勘定編

第6章 磨こう!「数学」センス スピード編

第7章 磨こう!「数学」センス トンチ・雑学編

第8章 磨こう！「数学」センス ピタゴラス編

第9章 磨こう！「数学」センス 微分積分編

特別付録 数学の歴史は美の歴史！ 世界の芸術を数学でひも解く

第1章

世界は「数学」でいっぱい！
「数学」センスで賢く生きる

Q.01

「みんなの意見は?」
統計のお話

マスコミの世論調査って本当に正確なの?

2,000人くらいの調査で大丈夫かしら

テレビや新聞では、内閣支持率や政党支持率を調べる世論調査を毎月行なっているけど、どれくらい正確なの？　調査方法をよく見ると、どこも2,000人ぐらいにしか意見を聞いていないけど、こんな少しの人の意見だけで国民みんなの意見の代わりになるのかしら。

成人の人口が1億人くらいだから、2,000人なんて日本全国の有権者の、わずか0.002%のサンプルでしかないですね……。

世論調査の結果って、
意外と的中している
のが不思議よね!?

問題の整理

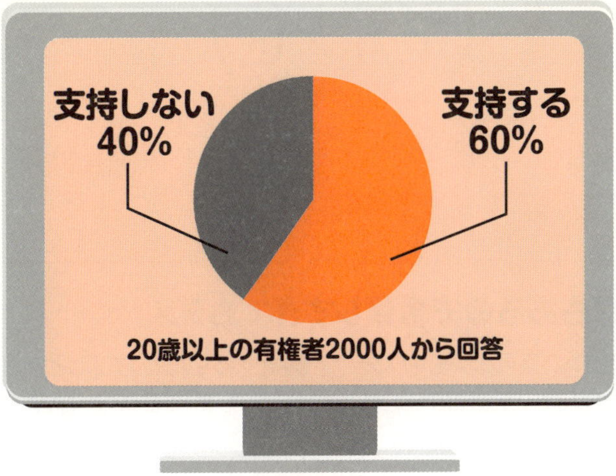

この調査って本当に信頼できる?

わからない人のためのちょっとヒント

マスコミ各社で行なわれている世論調査は、統計学の理論に基づいて実施されています。もちろん、広く発表するものなので正確な調査結果が出るようになっているはず。

たった2,000人のサンプル調査だけで正確な結果が出るものなのか、統計学の理論に基づいた数式を採用した、必要なサンプル数の求め方を学んでみましょう。母数(有権者数)に応じて、調査するサンプル数は変化していきます。

.01（答え）

世論調査のサンプル数は2,000人で十分

問題点もあるので信頼しすぎてもダメ

国民全体の意見を少しの人だけで調査するなんて、ちょっと乱暴な気がするわね。日本の20歳以上の人口は1億人くらい。その意見を2,000人ほどのサンプルで調査して大丈夫かしらって不安になるけど、世論調査は正確な調査結果になるよう統計学の理論を援用して行なわれているの。

必要な標本数を算出する根拠となっている数式

$$\frac{N}{\left(\frac{E}{Z}\right)^2 \times \frac{N-1}{P(100-P)}+1}$$

N=母集団の数
E=許容できる誤差の範囲=2.5(%)
P=想定する調査結果=50(%)
（例えば、内閣の支持･不支持について、調査前には予断を持たずに、最適･最大のサンプル数とするための想定50%）
Z=信頼度係数=1.96（信頼度を95%とした場合）

母集団の数	必要なサンプル数
100	94
1,000	606
10,000	1,332
100,000	1,513
1,000,000	1,534
10,000,000	1,536
100,000,000	1,537

P	P(100-P)
10	900
30	2100
50	2500
70	2100
90	900

マスコミ各社で実施されている世論調査の多くは、電話を使ったRDD(Random Digit Dialing)という方法で行なわれています。これはコンピュータで無作為に電話番号を作り出して、そこに電話して意見を調

査するって方法。ここで注目したいのは無作為ってこと。

複数の色の付いたボールが入った大きな容器から、目隠ししていくつかボールを抜き出すのと同じようなものね。この方法で抜き出せば、大きな容器にあるボールの色の割合と、抜き出したボールの色の割合がほぼ同じになるはず。

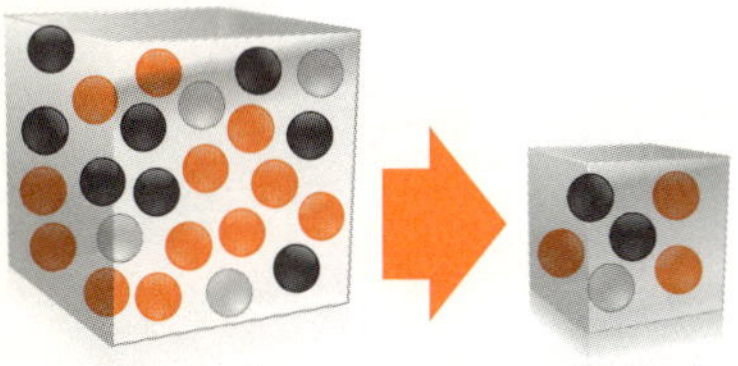

何色かのボールを容器にいれて、偏りのないようしっかり混ぜれば、一部を抜き出してもその構成比はほぼ同じ

けれど、いくら無作為に抜き出しても、少しのサンプル数では正確な調査結果にはなりません。そこで、大手マスコミの多くは「信頼度95%、標本誤差2.5%」という正確さになるように、左ページのような数式でサンプル数を求めています。「信頼度95%、標本誤差2.5%」とは、100回の調査をして95回は最大2.5%の誤差の範囲に収まる結果が得られるということ。

この数式を使って計算したのが左ページの表。10万人以上の集団の調査には1500人ほどのサンプルがあればいいってことがわかるわね。2000人も調査すれば、マスコミの世論調査としては十分正確になるってことね。

Tea Time

開票率0%で当選確実がでる謎

選挙速報では開票率が0%や1%くらいで、「当選確実」と発表することがありますよね。これはマスコミ各社が統計理論に基づいた出口調査や、事前の世論調査の結果などを組み合わせて、独自に得票数を予想して当選確実の判断を行なっているため。けれど、絶対正確ってわけではなくて、当選確実と発表された候補者が、開票が終わってみると落選していたなんてことも…。そのため、最近は当確がついただけではバンザイしない候補者もいるとか。

Q.02 速度と時間の関係は?

高速道路で速く走るとどれくらい時間短縮になる?

かなり時間短縮できると思うけど…。

一般道路でちょっと速く走ると、ずいぶん到着時間が早くなるわね。150km離れたおばあちゃんの家までいくときも、わたしの運転で平均時速30kmくらいでいったときより、お父さんの運転で時速40kmくらいでいったときのうほうが、1時間以上も早くついちゃう。時速10kmの違いでずいぶん変わるものね。

今度、同じ道のりで高速道路が開通したんだけど、高速道路なら急いで走ればもっと時間短縮になるはずよね。時速80kmで走るよりも時速100kmで走ったほうが、20kmも速いんだからかなり時間短縮になると思うんだけど…。

結局、私は運転が上手じゃないから、走行車線専門なのよね……

問題の整理

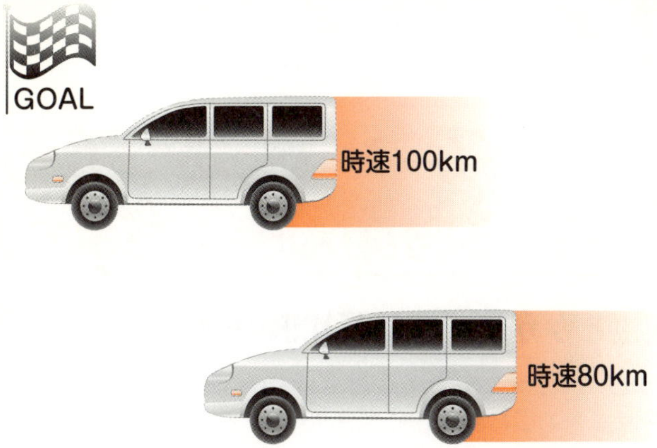

150km離れた場所へ時速80kmで走るのと、時速100kmで走るのでは、どれだけ時間短縮になる?

わからない人のためのちょっとヒント

それぞれの速さで走ったときに、到着までにかかる時間を計算して比べれば、どれだけ時間短縮になるか分かるわね。かかる時間は、距離を速度で割れば計算できます。

一般道路で時速10km速く走ったときと、高速道路で時速20km速く走ったときと、短縮できる時間を比較してみると……。

.02（答え）

高速道路で急いで走ってもそんなには時間短縮できません

進む速度とかかる時間は反比例の関係に

150kmの道のりを一般道路で時速30kmと時速40kmで走ったとき、そして高速道路で同じ距離を時速80kmと、本線車道の法定速度・時速100kmで走ったときに到着までにかかる時間を計算してみましょう。かかる時間は、距離÷速度で計算できるわね。

150km離れた場所に行くのにかかる時間は

▪ 高速道路では

時速80kmで走行→	150÷80=1.88	約1時間53分	23分短縮
時速100kmで走行→	150÷100=1.50	約1時間30分	

▪ 一般道路では

時速30kmで走行→	150÷30=5	5時間	1時間15分短縮
時速40kmで走行→	150÷40=3.75	3時間45分	

一般道路で時速30kmで走るとかかる時間は5時間、時速40kmで走ると3時間45分。1時間15分も早くつくわね。一方、高速道路で時速80kmで走ると約1時間53分、時速100kmで走ると約1時間30分。あれれ、時速20kmも速度が速いのに23分しか時間短縮できないわ。一般道路で時速10km速く運転した方が時間短縮になるわね。

これは距離が一定のとき、速度とかかる時間は反比例の関係になるからなの。速度が2倍、3倍…となると、かかる時間は$\frac{1}{2}$倍、$\frac{1}{3}$倍…と変化が小さくなっていくの。この反比例の関係をグラフにするともっとよく分かるわ。速度の遅い所では少し速く走るだけで、かかる時間が小さくなるのに、速度の速いところでは、速く走っても、かかる時間はそんなに変わらないわね。

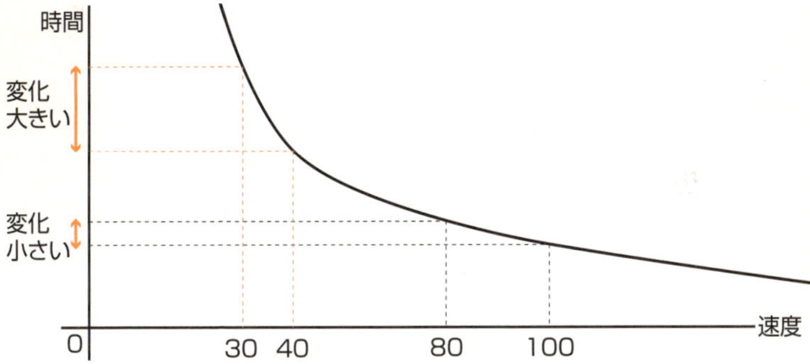

だから、平均速度の速い高速道路では急いだって、そんなには時間短縮にならないってわけ。高速道路で遠出のドライブにいくときは、飛ばさずゆったりいきたいわね。わたしの場合、おいしい名物につられて、途中のサービスエリアに寄り道しちゃうから、もっと時間がかかっちゃうけどね。えへっ。

Tea Time

カーナビの到着時刻はどうやって計算しているの？

カーナビに目的地をセットすると、到着時刻が表示されますね。案外正確で大助かりだけど、どう計算しているのかしら。昔のカーナビは一般道は平均時速40km、高速道路は平均時速80kmなんて想定して単純に距離で割っているだけだったけど、最近のカーナビはもっと賢くなってます。道路の道幅や信号、踏切の数なんかも考慮して割り出してるんだって。過去の渋滞データも考慮して、さらに高精度に到着時刻を予測するスゴイ機種もあるわよ。

Q.03 お買い物で大助かり！ 商品単価の賢い見極め方

大好きなミニクロワッサンのパック、どちらが本当にお得？

「お得用」って言葉につられがちだけど…

スーパーへお買い物にいくと、普段より増量した「お得用パック」なんて商品をよく見かけますよね。でも、お得用パックは本当にお得なのかしら？

今日はお気に入りのベーカリーで、いつも買ってる6個入り230円のミニクロワッサンの横に、16個入り648円のお得パックを発見！　ついついお得用に手が伸びてしまいがちだけど、どっちがお得なの？

どちらにしても
お得だけど、どうせなら
安く買いたいわ！

問題の整理

**お得用パックって本当に
お得なのかしら…。**

わからない人のためのちょっとヒント

入っている商品の数量が異なるパック品は、商品ひとつの単価を比べれば、どっちがお得か分かるわね。けれど、キリのいい数量じゃないと、いちいち割り算して単価を計算するのはかなり大変…。

そこで、もっと簡単に比較する方法を考えてみましょう。両方のパックをいくつか買うことにして、商品が同じ数量になるようにすれば、面倒な割り算なしでどっちかお得か比べられるはず。

.03（答え）

6個入り230円とお得用の16個入り648円では6個入りパックの方がお得！

お得用パックの方がお得だとは限らないわね！

入っている商品の数量が違うパック品は、パック品の価格を商品の数量で割って、商品1個あたりの価格を計算すれば比較できますよね。今回の問題のように、「6個入り230円」と「16個入り648円」のパック品では、以下のように計算すればOK。

6個入り　：　230円÷6個=38.33…円
16個入り　：　648円÷16個=40.5円

商品1個あたりの価格は、いつもの6個入りが約38.3円で、お得用パックの16個入りが40.5円。なんと、お得用パックのほうが割高！　お得用の文字につられてしまうと、逆にソンしてしまうこともあるのね。

このように商品1個あたりの価格を割り算で計算すれば、どっちがお得か比較できるけど、648÷16なんて割り算はパッとはできませんよね。けれど、次のページのように考えれば、割り算なしで比較することができます。

数量の違うパック品の価格を比べるには、どちらのパックでも商品の総数が同じになるように考えれば、比較することができます。今回の問題では以下のように6と16の最小公倍数「48」を使って、どちらのパックでも商品の総数が48個になるよう計算してみましょう。この方法でもやっぱり6個入りのほうがお得なのがわかりますね。最小公倍数さえ分かれば、かけ算で計算できるので、割り算を使っていちいち1個あたりの価格を計算するより簡単なはず。

6個入り230円→総数48個分の価格は　…230×8=1840円
16個入り648円→総数48個分の価格は　…648×3=1944円

最小公倍数は以下のように、公約数（共通の約数）で割れるだけ割って、割った数と残った数をすべて掛ければ求められます。

2) 6　16　　…6と16の公約数で割る
**　　3　8　　…公約数がないので終わり**

2×3×8=48　…割った数と残った数をすべて掛ける

最小公倍数を求めるのは少しややこしいけど、小学校や中学校で習ってるので思い出してみて。簡単なふたつの数字なら、いちいち計算しなくても最小公倍数が頭に浮かぶようになるはず。こんな計算がパパッとできれば、将来、賢い奥さんになれるわね。私もがんばるぞー!

Q.04 お得なのはどっち? 値引きの秘密

ポイント20%還元と現金値引き20%OFFって同じこと?

どちらも20%分お得になるように思えるけど…

家電量販店の多くではポイントサービスを導入して、お値打ちに商品を購入できるようになっています。お店のプライスカードには「ポイント20%還元」なんて大きく書かれていますよね。けれど、なかには現金値引きだけで販売しているお店もあって、同じ商品が「現金値引き20%OFF」で売られていることも。「ポイント20%還元」と「現金値引き20%OFF」って、どちらも20%分値引きされると思うんだけど…。
同じことなの?

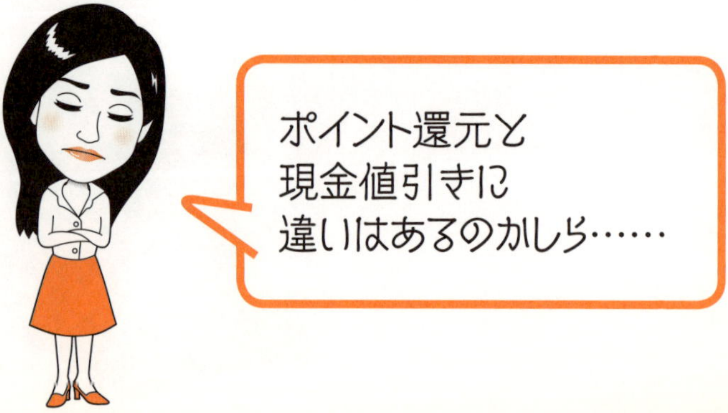

問題の整理

100,000円
ポイント
20%還元

100,000円から
現金値引き
20%OFF

**ポイント20%還元と、
現金値引き20%OFFって同じ？**

わからない人のためのちょっとヒント

ポイント還元のお店でのポイント使用時は、商品正価相当で、さらにポイントで取得した商品には次のポイントが付かないという前提で考えましょう。

100,000円の商品が「ポイント20%還元」と「現金値引き20%OFF」なら、一見どちらも20,000円分お得に思うけど、実際にはどうかしら。もらったポイントを全部商品に換えて、手に入る商品の総額と実際に支払う金額を考えれば…。

.04（答え）

現金値引き20%OFFのほうが約3%分お得

ポイント20%還元は実質現金値引き率約17%に

ポイントサービスは商品ひとつひとつに還元率が設定されていて、次回のお買い物の時に還元されたポイントと同額の商品と交換できるシステム。前述のように、この設問でのポイント使用時は、商品正価相当で、さらにポイントで入手した商品には次のポイントが付かないのが前提です。今回は100,000円のテレビを「ポイント20%還元」で買って、もらった20,000円分のポイントで同額のデジタルカメラをゲットしたと考えてみましょう。つまり最初にテレビの代金として支払った100,000円で、テレビとデジタルカメラで合計120,000円の商品が手に入ったわけね。ポイントはこれでゼロ。

逆に、「現金ならば100,000円から20%OFF」のテレビと、同じく「現金ならば20,000円から20%OFF」のデジタルカメラを購入した場合は、使う金額は、

80,000円+16,000円=96,000円で済みます。

ポイント還元	10000円で手に入る商品の金額	現金値引きに換算
5%	10500円	約4.76%OFF
10%	11000円	約9.09%OFF
20%	12000円	約16.67%OFF
30%	13000円	約23.08%OFF
40%	14000円	約28.57%OFF
	⋮	
100%	20000円	50%OFF

ポイント20%還元では

　ではここで、ポイント還元の場合の実質の値引率を計算してみましょう。

100,000÷120,000=0.833･･･

　つまり現金値引きでいうと約17%OFFということになりますね。ポイント20%還元の商品を買うのと、現金値引き20%OFF商品を買うのでは、微妙に後者の方がお得というわけです。

　そして、ポイント還元率が高くなればなるほど、差が大きくなっちゃいます。実際にはありえない極端な例ですけど「ポイント100%還元」で考えてみましょう。10,000円の商品を「ポイント100%還元」で買って、もらった10,000円分のポイントを全部商品に交換･･･つまり、総額20,000円の商品を10,000円で買うのだから、現金値引き率換算では半分の50%になってしまうのです。

　そもそもポイント制は、お店がリピーターのお客さんを増やしていこうというシステム。一方、現金値引き率の高い「目玉商品」があるお店は、新しいスペックの製品の入荷が近いのかもですね。

Tea Time

さらにお得に ポイントの賢い使い方

　同じ値引き率なら現金値引きのほうがお得だけど、最近では現金値引きではなく、ポイント還元商品をおもにを扱う家電量販店がどんどん増えてきています。しかし、何も考えずにポイントを使ってはダメ。ポイントを使って、ポイント還元率の高い商品を購入すると、還元されるはずのポイントの分だけソンという考え方ができます。できるだけ還元率が低い商品に交換するのが、ポイントの賢い使い方なのです。

Q.05 自然界の不思議

猫が高いところから飛び降りても平気なのはなぜ?

体長の10倍以上の高さから落ちても平気!?

体長が50cmの猫は、自分の体長の10倍（5m）の高さから落ちても、しなやかに着地しますよね？　でも身長180cmの人が10倍（18m）の高さから地面に落ちたら大けがするのは当然のこと。一流のスタントマンでも無理なんですって。でもこれっていったいなぜなのかしら？　ここでは数学の視点から考えてみましょう。

近所でお散歩している
猫を見ると、つい
話しかけてしまうのは
私だけじゃないわよね！

問題の整理

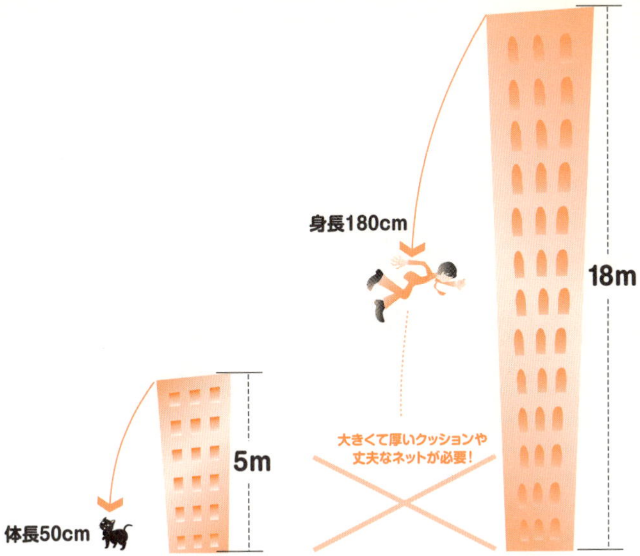

体長の10倍の高さから落ちて なぜ猫は平気なの?

わからない人のためのちょっとヒント

落下速度は、何に比例しているでしょう。落体の法則を思い出してください。すると、体長に対しての倍率が重要なのではなく、落ちる時間と高さが関係してくることがわかります。

.05（答え）

体長、身長はあまり関係がない 高さと時間が重要な要素

「落体の法則」で$\sqrt{高さ}$と時間が比例していることを理解しよう

まず「落体の法則」を整理してみましょう。落体の法則は、以下の公式の通り。

$$h=\frac{1}{2}gt^2$$

※初速をゼロとして計算

hとは高さ、gとは落下するときの重力加速度です。さらにtとは時間をあらわします。これを整理してみましょう。

$$t=\sqrt{\frac{2h}{g}}=\sqrt{\frac{2}{g}}\times\sqrt{h}$$

つまり、「$\sqrt{}$高さ」と時間は比例関係にあることがわかります。そして、自然落下の速度vは、空気抵抗を考えないならば「$v=gt$」という式で表されます。

落下時点の速度には落下する物の体長や重さが重要なのではなく、時間、つまり高さが重要な要素となってくるんです。

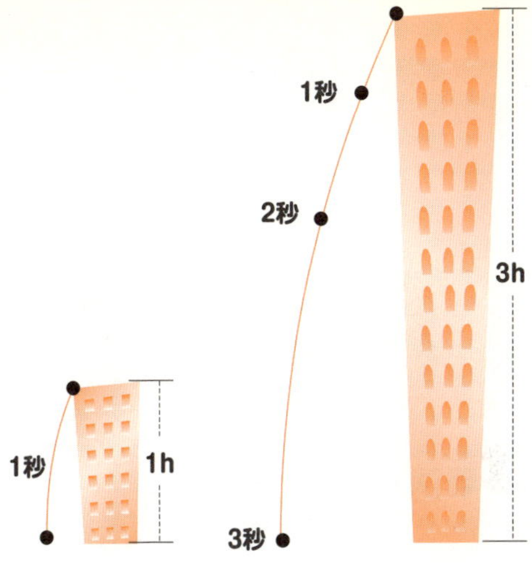

分かりやすく説明すると、高さ1のところから落下すると1秒かかるとします。その落下速度はたいしたことはないですが、高さ3のところから落下すると、どんどん落下速度は増していき、衝撃が大きくなっていくわけです。

このように、日常には数学が満ちあふれています。本章で紹介した数学・算数以外にも、自然界には不思議なことだけれども数学で証明が可能なものが盛りだくさん。

たとえばひまわりの種の配列や、巻き貝の巻かれる様子などはフィボナッチ数列によって、ある程度は証明が可能です。また、ブロッコリーの生長の様子は、フラクタル理論で説明できます。日常生活の中にあふれている数学の楽しさを私と一緒に学んでいきましょう！

Column 数学がもっと好きになる怜題

江戸時代にも数学ブーム!?
庶民も熱中した和算の世界

神社に算額を奉納する習慣も

チョンマゲ姿と**数学**なんて、なんだかイメージが結びつかないかもしれないけど、江戸時代にはちょっとした数学ブームがおきていました。日本には西洋の数学が持ち込まれる以前に、中国から伝えられた数学をもとに日本独自に発達した**「和算」**という数学が存在しています。みなさんも**「つるかめ算」**とか**「ねずみ算」**なんて計算の仕方を聞いたことがありますよね。これが日本独自の和算なんです。

飛鳥時代の遣隋使や遣唐使によって中国から伝えられた数学を源流にして、和算は時代を経るにつれどんどん発展していきます。江戸時代に入ると**「塵劫記」**という数学の教科書や問題集のような書物がベストセラーに。学者だけでなく庶民にも和算が浸透していったんですって。

江戸の和算ブームは**「算額」**という風習も産みました。算額とは難しい問題が解けたときに、その問題を額や絵馬に描いて神社や仏閣に奉納したユニークな風習。現在でも1,000枚近くの算額が全国の神社仏閣に残っています。算額をみると、複雑な図形の面積を求めるような、かなり高度な数学を江戸の人たちが解いていたのがわかります。

そんな日本独自の和算は現在ふたたび注目を集めています。算額がクイズや入試問題になったり、算額を作るコンクールが実施されたり、子供から大人まで和算の世界を楽しんでいます。そろばんで計算した江戸の人たちの間で広まった和算が、パソコンを前にキーボードを叩いている私たちに、また浸透してきているなんて面白いですね。のちほど、Q10で**「和算」**の問題が出てきますのでお楽しみに!

第2章

磨こう！「数学」センス ケータイゲーム編

Q.06【年齢当てクイズ】
ケータイ電話の計算機能を使って相手の年齢を当てる方法は？ 32

Q.07【生年月日】
ケータイ電話の計算機能を使って相手の生年月日を導き出すには？ 36

Q.08【電話番号】
ケータイ電話の計算機能を使って相手の電話番号をゲットするには？ 40

Q.09【恋愛経験!?】
ケータイ電話の計算機能を使って相手の恋愛経験を知るには？ 44

Q.10【数字マジック】
ケータイ電話の計算機能を使って二桁の整数を見抜くには？ 48

Column 数学がもっと好きになる怜題
インド式計算方法って何？ 52

Q.06 年齢当てクイズ Mathematics Quiz

逆算すれば
簡単に分かる

ケータイ電話の計算機能を使って相手の年齢を当てる方法は?

暗算できない数を使います

初対面の人に会った際に、気になるのが年齢です。最近は、見た目と年齢のギャップがある人が多いのでなおさらです。でも、初対面の人に、いきなり年齢はいくつですか?　なんて聞くのは、礼儀としてどうかとも思いますよね。そんなときに便利なのがケータイ電話の計算機能を使った、年齢当てクイズです。これだったら年齢を聞くだけじゃなくて、相手と自然に会話が弾みますよ。

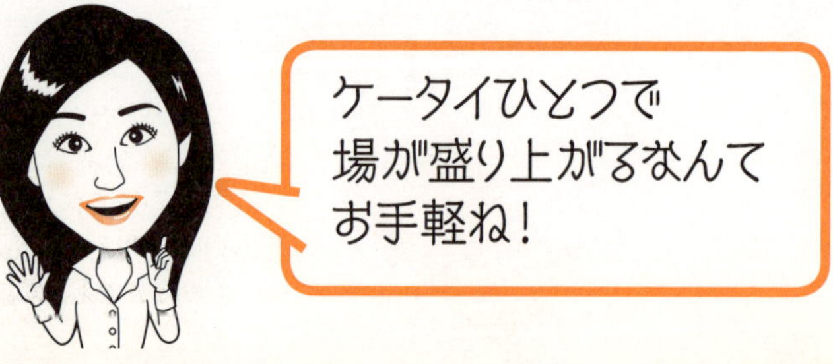
ケータイひとつで
場が盛り上がるなんて
お手軽ね!

問題の整理

① 年齢を4倍してください

② 答えに5を足してください

③ さらに7倍してください

出てきた答えから年齢が
分かります。

**ケータイ電話の計算機能を
使って年齢を当てる**

わからない人のためのちょっとヒント

出てきた数字を質問にしたがって逆算していけば、もとの答えになりそうですね。

.06（答え）

質問内容を方程式に直して逆算すれば答えは分かる

ケータイの計算機で答えを逆算する

問題では、まず年齢を4倍し、5を足して、7倍するとあります。実際に計算してみましょう。ここでは、仮に32歳で計算してみますね。

①32×4=128　②128+5=133　③133×7=931

となります。

答えは931となりました。この数字を使ってもととなった年齢の数字を出せばよいので、基本的には問題文に逆らって逆算していくだけです。つまり、7倍となっている部分は7で割る、5足す部分は5を引く、4倍している部分は4で割るというわけです。実際に計算してみると、

問題文の逆算を考える

① 導き出された数字を7で割る

② 答えから5を引く

③ さらに4で割る

①931÷7=133　②133−5=128　③128÷4=32

答えは32となり、年齢は32歳とわかりました。

なお、逆算の内容は、方程式に直すとわかりやすくなります。求める年齢をxとして方程式を展開すると、

$$(4\times x+5)\times 7=931$$
$$4x+5=931\div 7$$
$$4x=931\div 7-5$$
$$x=(931\div 7-5)\div 4$$

となり、逆算したときと同じ答えとなることがわかります。

ちなみに、問題文の数字は何にしても大丈夫です。暗算できないような数字にするのがポイントですよ。

問題を複雑にしてみる

Tea Time

年齢当てクイズは、単純に逆算を利用したものなので、少し考えれば簡単に原理を見抜かれてしまいます。そこで、問題の出し方を少し複雑にしてみましょう。たとえば、年齢を5倍したら、父親の年齢を2倍して引きます。その結果を3倍し、父親の年齢を6倍した数を足して、最後に4倍する。という問題はどうでしょうか。

このとき、本人の年齢を32歳、父親の年齢を60とすると、①32×5=160 ②160-(60×2)=40 ③40×3=120 ④120+(60×6)=480 ⑤480×4=1920 となります。この数値を使って逆算してみましょう。相手の年齢をx、相手の父親の年齢をyとして方程式に直して展開します。

$$\{(5x-2y)\times 3+6y\}\times 4=(15x-6y+6y)\times 4=(15x)\times 4=1920$$

となり、yは消えてしまいます。実は問題文の父親の年齢というのは、相手の思考を複雑にするためのダミーでした。父親でなくて、母親や兄弟の年齢でもいいんです。あとは、通常通り計算するだけです。
$15x=1920\div 4$　$x=1920\div 4\div 15=32$となり、答えの32歳が導き出されました。問題文は複雑ですが、実際には4と15で割るだけで年齢にたどり着けちゃうんです。

Q.07 生年月日

求める値ごとに
分けて考える

ケータイ電話の計算機能を使って相手の生年月日を導き出すには?

3つの数値を同時に見抜く

みなさんは「占い」が好きですか?　恋愛運を中心に、やっぱり気になりますよね。気になる相手との相性とかも診てもらうんですが、どの占いでも相手の生年月日が必要という場合が多くて苦労してます。でも、正面から生年月日教えてくださいって聞くの恥ずかしくないですか?　無意味に期待させているような気もするし……。実は、生年月日もケータイを利用したパズルで知ることができます。さりげなーく、気になる相手の生年月日をチェックしてみましょう。

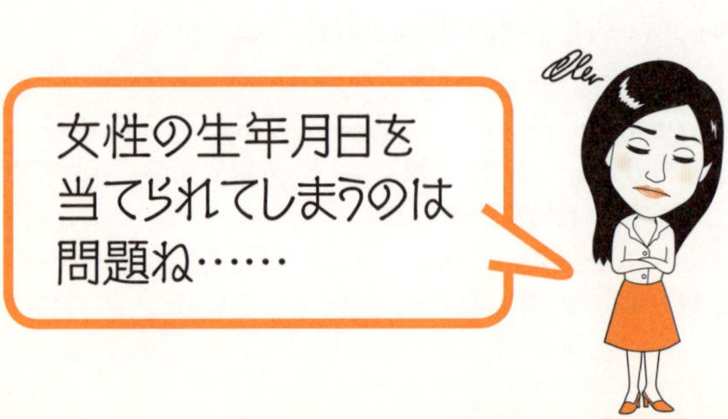

女性の生年月日を
当てられてしまうのは
問題ね……

問題の整理

まずは相手に①～③の質問をして、
ひとつの大きな桁の数字を出してもらう

① 生まれた年に50をかける

② 生まれた月を足して200をかける

③ 生まれた日を足して3をかける

？年 ？月 ？日

生年月日の3つの数字を同時に調べる

わからない人のためのちょっとヒント

聞き出したひとつの大きな桁数の数字から、年、月、日を見つけ出す方法があるのです。また、月と日は2桁の数字であるという条件も付け加えて考えましょう。

.07（答え）

方程式に直して計算 対応する桁数に注目する

5桁以上の答えより生年月日をさらに計算する

同時に複数の数字を探す場合には、それぞれの数字に条件を与えるのがポイントです。まずは、問題文にそって計算してみましょう。私の生年月日は、昭和53年2月28日ですので、生まれた年に50をかけたら、2を足して200をかけ、28を足して3をかけます。

$53\times50=2650$
$(2650+2)\times200=530400$
$(530400+28)\times3=1591284$

となり、1591284という大きな数字が導かれます。続いて、問題文を方程式に直して展開します。生まれた年をx、生まれた月をy、生まれた日をzとすると

$\{(50x+y)\times200+z\}\times3$
$=\{(10000x+200y)+z\}\times3$
$=30000x+600y+3z$

この式より、$30000x=3\times10000x$となるため生まれた年を考える場合、下4桁は必要なくなります。同様に、$600y=6\times100y$となるため生まれた月を考える場合、下2桁は必要なくなります。この条件を大前提として生年月

日を考えてみましょう。
最初に$3z$について考えます。zは生まれた日なので、候補は1〜31です。31日でも3×31=93となり百の位に繰り上がらないため、下2桁のみに注目すればよくなり、

$3z=84$
$z=28$

となります。
続いて、$600y$は月を表す数字なので候補は1〜12。最大の12だとしても600×12=7200なので、百と千の位に注目するだけでよくなります。

$600y=1200$
$y=2$

問題文を方程式に直す

生まれた年をx、月をy、日をzにする
$\{(50x+y)\times200+z\}\times3$
$=30000x+600y+3z$

生まれた日は$3z$より
十の位と一の位の数字を3で割る

生まれた月は$600y$より
千の位と百の位の数字を6で割る

生まれた年は$30000x$より
万以上の位の数字を3で割る

月は2と導かれました。最後に$30000x$です。これは、最初の条件で下4桁は必要なくなるので万以上の位に注目するだけです。

$30000x=1590000$
$x=53$

以上の結果より、昭和53年2月28日と求められましたね。
簡単にまとめると、生まれた日は下2桁を3で割り、生まれた月は千と百の位を6で割り、生まれた年は万以上の位を3で割れば導き出せるということになります。

Q.08 電話番号も数式として考える

ケータイ電話の計算機能を使って相手の電話番号をゲットするには？

恥ずかしがりやなあなたでも電話番号がゲットできる

みなさん合コンって行ったりします？　合コンで電話番号を聞くのってタイミングも難しいし、ストレートに聞いてもなかなか教えてくれなかったりしますよね。ましてや、女性側から聞くのはガツガツしてるみたいで恥ずかしい……なんてこともありますよね。

そこで、オススメなのが、ケータイクイズを使った、電話番号のゲット方法です。これなら、携帯番号も自然な流れで入手できちゃいます。男性から女性の電話番号を聞くだけでなく、肉食系女子にもオススメのテクニックですよ。

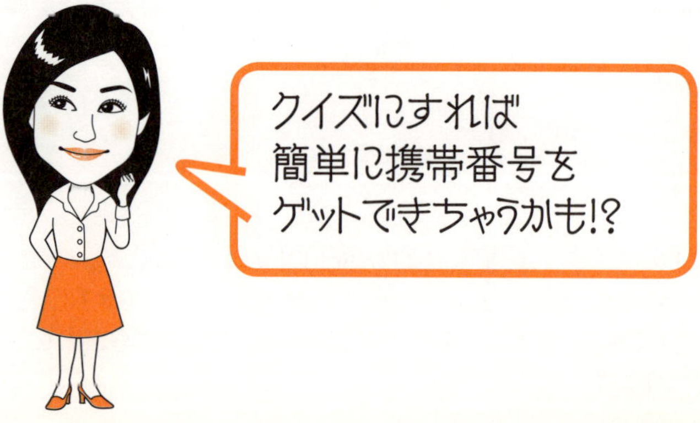

クイズにすれば
簡単に携帯番号を
ゲットできちゃうかも!?

問題の整理

090-■■■■-▲▲▲▲

① 090と080を除く上4桁に750をかける

② さらに40をかける

③ 下4桁を3回足す

出てきた数字より電話番号が分かる

相手の電話番号の下8桁を同時に調べる

わからない人のためのちょっとヒント

すべての数字を、ひとつずつ当てようとすると複雑な解法が必要になります。そこで、電話番号を前半部分と後半部分のふたつにわけて考えてみましょう。

.08（答え）

出てきた数字を3で割ると電話番号になる

電話番号自体を数式として計算させる

携帯番号ということで、求める数字は8つ…。複雑になると思いがちですが、視点を変えることで、これまでと同様に計算機能を使った問題に落としこめます。

求める携帯番号が、たとえば12345678であったとした場合、1234と5678というふたつの固まりについて考えればよいのです。このとき、前半の数字が1234ではなく、12340000という風に下4桁にゼロがついた数字をイメージします。つまり、12340000+5678という数式に置き換えるわけです。

では実際に問題をみてみましょう。携帯番号が12345678だと計算してみます。まずは、上4桁に750をかけるので、

1234×750=925500

となり、続いて40をかけるので

925500×40=37020000

■■■■-▲▲▲▲ と考えるとき
（■■■■ → x、▲▲▲▲ → y）

電話番号は1000x+yという数式であらわされる

問題文を方程式に直すと
$(750\times x)\times 40+y+y+y$
$=3(10000x+y)$

計算機の数字を3で割ると電話番号となる。

と求められます。
続いて、下4桁を3回足すので、

37020000+5678+5678+5678=37037034

となります。この計算式を方程式に置き換えてみましょう。上4桁をまとめてx、下4桁をまとめてyとしたとき、問題文に置き換えると

$(750\times x)\times 40+y+y+y=30000x+3y=3(10000x+y)$
$=37037034$

$(10000x+y)$に注目すると、$10000x$は上4桁にゼロが4つ数字となり、そこにyが足されているということは、そのまま電話番号を表す数字になります。ここまでわかれば、最後の計算をするだけです。

$3(10000x+y)=37037034$
$(10000x+y)=37037034\div 3=12345678$

となり、もととなった電話番号が導き出されました。ただし、この方法では最初の080や090の部分はわかりませんので注意してくださいね。

　実際にこのパズルをする場合には、自分の携帯電話の計算機能を使うのがオススメです。自分の携帯電話の計算機能を立ち上げた状態で相手に渡します。続いて、問題文で紹介している質問内容を矢継ぎ早に計算してもらいます。計算が終わったら実際に電話をかけてみるなんてどうでしょう？　相手もきっと驚くはず！
　これならば、スマートに電話番号が入手できちゃいますね。

Q.09 九九の法則を利用する

ケータイ電話の計算機能を使って相手の恋愛経験を知るには?

相手の恋愛遍歴を見抜く

口では気にしないよっていっても、彼氏／彼女の過去の恋愛経験って本当は気になりますよね。いままでに、何人ぐらいの人と付き合ってきたのか、考え出すとキリがありません。あまりに数が多すぎるのはちょっと問題があるのかな～なんて思っちゃったりしますよね。でも、実際に気になる人に、「いままでの恋愛経験は何人ですか?」なんてとても聞けませんよね。ここでも、携帯電話作戦を使って探ってみましょう。「結婚する年齢を調べてあげようか?」なんて切り口で使ってみるのがオススメですよ。

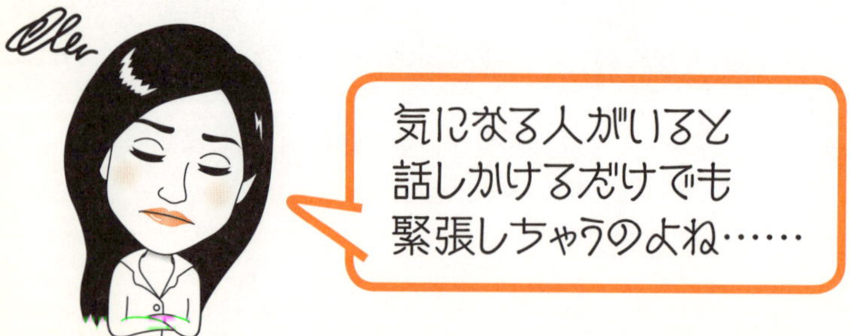

気になる人がいると
話しかけるだけでも
緊張しちゃうのよね……

問題の整理

① 結婚したい年齢に9をかけて下さい。

② 答えの百の位、十の位、一の位を一桁になるまで足し続けて下さい。

③ 答えに9をかけて、十の位と一の位を足して下さい。

④ いままでに付き合った人数を足し、さらに11を足すと…。

出てきた数字より恋愛経験が分かる

これまでに付き合った人数

わからない人のためのちょっとヒント

求めるのは結婚したい年齢ではなく、付き合った人数になります。ここでは、9の倍数の性質に利用して答えを導き出しています。

.09（答え）

答えから20を引くと人数がわかる

9の段の答えの法則を見抜く

この問題では、恋愛経験の人数を当てますというのではなく、あくまで求めるのは別の項目としているのがポイントです。ですから、問題の出し方としては、たとえば、あなたのモテ期を占ってあげるみたいな聞き方だと、いいかもしれません。

それでは、実際に問題文にあわせて計算してみましょう。ここでは、恋愛経験の数を5と仮定します。最初の質問は、結婚したい年ですので、32歳としてみましょう。32×9=288となります。

続いて、288の百の位、十の位、一の位を一桁になるまで足し続けます。2+8+8=18、さらに1+8=9と進めます。

さらに、この数字に9をかけるので、9×9=81となります。十の位と一の位を足すので8+1=9となります。

ここまでの計算を一度、整理して

9の段の九九に注目

答えの十の位と一の位を足す

9×1=9 ➡ 0+9=9
9×2=18 ➡ 1+8=9
9×3=27 ➡ 2+7=9
9×4=36 ➡ 3+6=9
9×5=45 ➡ 4+5=9
9×6=54 ➡ 5+4=9
9×7=63 ➡ 6+3=9
9×8=72 ➡ 7+2=9
9×9=81 ➡ 8+1=9

全て答えは9となる。

考えたいと思います。

まず、質問①の内容から質問②までの内容では、答えが一桁となります。さらに質問③で9をかけるので、必ず9×一桁の計算となります。この答えは、いわゆる九九の九の段の内容です。問題文ではさらに十の位と一の位を足しているのですが、実際の九の段の計算を考えてみると、9×1のとき答えは9となり、十の位と一の位を足すと0+9で9になります。同様に9×2では1+8となり9、9×3でも2+7となり9です。前の表からも分かるとおり、9×一桁を計算し十の位と一の位を足すと必ず9になるのです。問題では、結婚したい年齢を聞いているのですが、この部分は、何を入れても質問③の段階で9になるというわけです。

質問に戻りましょう。質問④では、これまでの答えに恋愛経験の人数と11を足すので9+5+11=25です。この数字は、あくまでダミーです。相手には、モテ期は25歳ですといって、場を盛り上げておきましょう。モテ期がまだなら、「これからチャンスだね」、モテ期が過ぎていたら「残念でしたー」などと話せばいいでしょう。

さて、本題に戻ります。実際の恋愛経験を出すには、質問④についてだけ、恋愛経験をxとした方程式を立てればいいので

$$9+x+11=25$$
$$x+20=25$$
$$x=25-20=5$$

となり、恋愛経験が5と導かれました。つまり、計算機で出た答えから20を引けば、必ず恋愛経験の人数になるというわけです。

多すぎる恋愛経験も考えものですけど、ゼロっていうのも困っちゃいますよね。

Q.10 二桁の整数を見抜く

ケータイ電話の計算機能を使って二桁の整数を見抜くには?

数学センスを磨くパズルに挑戦

教科書の内容を丸暗記したり、問題を解くだけでは数学知識は身につきません。ちょっとしたひらめきを使ってこそ、数学センスが磨かれます。ここで、あなたの数学センスを確かめるパズルに挑戦してみましょう。まずは、ある二桁の整数を思い浮かべてください。そうしたら、3で割った余りと、5で割った余りと、7で割った余りをそれぞれ教えてください。これだけで、最初に思い描いた数字を割り出すことが可能です。この問題をスラスラって答えられる人は、かなりの数学センスの持ち主だと思います。実際に、出逢っちゃったら……惚れちゃうかも!?

数学パズルが
スラスラと解ける
男性って、ステキかも!

問題の整理

3で割る

5で割る

7で割る

二桁の整数を見抜く

問題例：ある二桁の整数を思い描いてください

① 3で割ると余りはいくつですか?…1です。

② 5で割ると余りはいくつですか?…2です。

③ 7で割ると余りはいくつですか?…3です。

思い描いた整数はいくつ?

わからない人のためのちょっとヒント

それぞれの数字について、当てはまる数を連想していきましょう。また、割っているのが3と5と7に注目すると、ある数式に直せます。

求める整数がxのとき、3で割ると余り1は割った解をAとすると$x \div 3 = A + 1$、5で割ると余り2は割った解をBとして$x \div 5 = B + 2$、7で割ると余り3は割った解をCとして$x \div 7 = C + 3$。3つの式で求める数が4つとなり、普通の連立方程式で解くのは難しそう。

.10（答え）

百五減算の公式を使うと効果的 問題例の答えは52

江戸時代から使われている数学パズル

この問題の考え方としては、3と5と7の公倍数に注目して計算します。「3で割ると余りは1」を5と7で割り切れるが3で割ると1余る数とします。5と7の公倍数は35なので、3で割ると1余るのは2倍した70となります。次に「5で割ると余り2」は3と7で割り切れるが5で割ると2余る数とします。3と7の公倍数は21、5で割ると2余る数は2倍の42となります。そして「7で割ると余り3」は3と5で割り切れるが7で割ると3余る数とします。3と5の公倍数は15ですので、7で割ると3余る数は3倍の45となりますね。

この3つの数字を全部足してみましょう。70+42+45=157です。この数式は、{2×（5×7）}+{2×（3×7）}+{3×（3×5）}=157と置き換えられます。このとき、3で割ると1余る数は、{2×（3×7）}と{3×（3×5）}は3で割り切れるため、{2×（5×7）}に注目すればよくな

百五減算の公式

求める数を「n」とし、3、5、7それぞれの数で割った余りを、a、b、cとすると、

$n=70a+21b+15c-105k$

（Kはnが105以上のときに104以下になるまで引くという意味）

70 ➡ 5と7で割り切れるが、3で割ると1余る数

21 ➡ 3と7で割り切れるが、5で割ると1余る数

15 ➡ 3と5で割り切れるが、7で割ると1余る数

105 ➡ 3でも5でも7でも割り切れる数

ります。同様に5で割った数と余り、7で割った数の余りも満たします。つまり70+42+45=157は、すべての条件を満たすというわけです。問題では二桁の数字となるので、最後に3と5と7の公倍数である105を引いてみましょう。157−105より52という数字が導き出されます。

実は、この問題は、江戸時代に発表された「塵劫記（じんこうき）」という和算書に載っている百五減算という有名な問題で、3と5と7の公倍数に注目した公式を使うことで解くことができます。実際に公式に当てはめてみましょう。3で割ると余りは1より$a=1$、同様に$b=2$、$c=3$となるので

$$n=70\times1+21\times2+15\times3-105k=70+42+45-105k$$
$$=157-105k=52$$

上記の計算より答えは52となりました。

Tea Time

実はヨーロッパよりも優れていた!? 消えた「和算」の実力

日本では、中国から影響を受けた「和算」（30ページ参照）が江戸時代に独自の進化を遂げていたそうです。数学というよりも、ゲームやパズルのような感覚で、一般庶民に受け入れられていたようですね。なかでも幕府に仕え、勘定吟味役や御納戸組頭を勤めた関孝和（せきたかかず）氏は、「算聖」の二つ名を持つ、和算の雄といえるでしょう。洋算の世界では1693年にライプニッツによって初めて連立一次方程式の消去法から行列式が考えられたそうですが、関氏は、その10年も前となる1683年には連立高次方程式の未知数消去法として行列式の展開を行なっていたそうです。では、このように優れた和算がなぜ歴史から突如として消えてしまったのか…。和算はいくつもの流派によって守られ、門外不出とされた計算方法。この閉鎖的な考え方や、明治時代の開国に伴うヨーロッパ文明の浸透によって、和算ではなく洋算が政府の学制（教育法令）として採用されたのです。

東京都新宿区の「浄輪寺」では、いまでも関孝和氏のお墓がまつられています。おりしもいまは空前のパワースポットブーム。お参りをすれば、算聖の御利益があるかもしれませんね!

column 数学がもっと好きになる例題

インド式計算方法って何?

インド式なら二桁の計算もらくらく!

インド式計算とは、式を暗算でも解けるような形に変形して解く方法です。できるだけ楽に間違えにくい方法に直すことで、計算スピードと正確性がアップするというわけです。ここでは例として以下のふたつの数式について考えてみましょう。

① 88+57　② 68×5

①は二桁の足し算です。88は2を足すと90にすることで1の位の繰り上がりをなくなることに注目することでシンプルな計算になります。

88+57=(88+2)+(57−2)=90+55

②は、5が10÷2と置き換えられることに注目すると、答えが2で割るだけの簡単な数式になります。

68×5=68×10÷2=680÷2

このような数式の変換は、数式のトリック問題を解く鍵としても使えます。覚えておくといろいろと便利ですよ。

第3章

磨こう!
「数学」センス 確率編

Q.11【くじ引き】
くじの引き方で当たりやすさは変わる?……54

Q.12【お天気】
降水確率ってどういうことなの?……58

Q.13【じゃんけん】
ふたりでじゃんけん! 負けない確率はいくつ?……62

Column 数学がもっと好きになる怜題
どうしてこんな形に? 算用数字の起源を探る……66

Q.11

くじ運ってある？
身近な確率のお話

くじの引き方で当たりやすさは変わる？

どっちが当たりやすいかしら

もー！　昔からくじ運が悪くってやになっちゃう。子供の頃に駄菓子屋のくじに当たったこともなければ、大人になってから雑誌の懸賞にたくさん応募してもハズレばかり…。一度はアタリをひいてみたいんだけど、当たりやすいくじの引き方ってある？ って人も多いはず。

たとえば、5個中に1個アタリが入ったくじを1回引くのと、50個中に1個アタリが入ったくじを10回引くのと、どっちが当たりやすいのかしら。

「わたし、くじ運悪いから…」
なんて言わないで、トライよ！

問題の整理

1回引く　　　10回引く

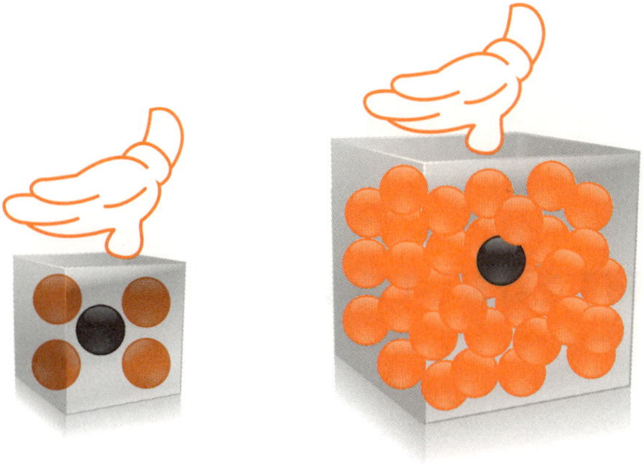

5個のうち
アタリ1個

50個のうち
アタリ1個

どっちが当たりやすい？

わからない人のためのちょっとヒント

5個中に1個アタリが入ったくじを1回引いたときに当たる確率は5分の1なのは分かるわね。

じゃあ、50個中に1個アタリが入ったくじを連続して10回引いたときに当たる確率はどれくらいかしら。この問題では外れる確率を考えた方が計算がしやすいわ。1回、1回、くじを引くごとにハズレを引く確率を考えてみましょう。

.11（答え）

どちらの引き方でも当たる確率は同じ

外れる確率を計算してみましょう

「5個中に1個アタリが入ったくじを1回引く」のと「50個中に1個アタリが入ったくじを10回引く」のは、はてさて、どちらが当たりやすいでしょうか。今回の問題では外れる確率を考えた方が計算しやすいので、1回、1回、くじを引いて外れる確率を考えてみましょう。

まず、「5個中に1個アタリが入ったくじを1回引く」ほうは、5個のうち4個あるハズレを引くのだから、外れる確率は「5分の4」と、答えは簡単。

5個のうちアタリ1個のくじを1回引いた場合の外れる確率 $\frac{4}{5}$

では、「50個中に1個あたりが入ったくじを10回引く」ときはどうでしょう。まず1回目は50個のうち49個あるハズレを引くのだから、「50分の49」。さらに2回目は1回目に1個ハズレを引いているわけだから、残った49個のくじのうち48個あるハズレを引くことになって「49分の48」。このように10回連続でハズレを引くことを考えると、下の式になります。「いくつかの事柄がともに起こる確率は、それぞれの事柄が起こる確率の積になる」という原則に基づいて、10回すべての外れる確率を掛けています。

50個のうちアタリ1個のくじを10回引いた場合の外れる確率

$$\frac{49}{50}\times\frac{48}{49}\times\frac{47}{48}\cdots\frac{42}{43}\times\frac{41}{42}\times\frac{40}{41}=\frac{40}{50}=\frac{4}{5}$$

このように、今回の問題の「5個中に1個アタリが入ったくじを1回引く」のと「50個中に1個アタリが入ったくじを10回引く」のでは、どちらも外れる確率は5分の4。つまり、当たる確率はおなじ5分の1になります。

また、くじ引きの確率はどんな順番で引いても同じということも覚えておくといいわ。始める前から「前の人が外れてからくじを引いた方が、ハズレくじが減って、なんだか当たる確率が高くなる」ようにも感じるけど、それは間違い。たとえば、5個のうち1個がアタリのくじを5人で順番に引いたときに、それぞれの人が当たる確率を計算してみれば、分かるはず。

まず、最初のAさんが当たる確率は、「5個のうち1個のアタリを引く」わけだから「5分の1」。これは分かるわね。

では、2番目のBさんが当たる確率はというと、「Aさんが外れて」さらに「4個のうち1個のアタリを引く」わけだから、

Bさんの当たる確率　$\frac{4}{5}\times\frac{1}{4}=\frac{1}{5}$

初めに引いたAさんが外れることも計算に入れるのがミソ。この計算でAさんもBさんも当たる確率は「5分の1」と同じなのが分かるわね。同じように5人全員の当たる確率を計算してみると、全員の当たる確率は同じ「5分の1」。つまり、いつ引いても当たる確率は同じってわけ。

5人全員のそれぞれ当たる確率

Aさん　$\frac{1}{5}$

Bさん　$\frac{4}{5}\times\frac{1}{4}=\frac{1}{5}$

Cさん　$\frac{4}{5}\times\frac{3}{4}\times\frac{1}{3}=\frac{1}{5}$

Dさん　$\frac{4}{5}\times\frac{3}{4}\times\frac{2}{3}\times\frac{1}{2}=\frac{1}{5}$

Eさん　$\frac{4}{5}\times\frac{3}{4}\times\frac{2}{3}\times\frac{1}{2}\times\frac{1}{1}=\frac{1}{5}$

へぇーっ。どんな順番で引いても当たる確率は同じになるのね。始める前ならみんな平等だっていうことは分かったわ。「くじ運の良さ・悪さ」は数学ではなくココロの問題ね。

Q.12 「今日は雨?晴れ?」降水確率のお話

降水確率って どういうことなの?

どれくらい雨が降ることなのかしら

天気予報の降水確率を毎日チェックしているけど、あてにならない日も多いって感じません?　こないだなんて、降水確率20%なのにすごいどしゃ降りにあって、お気に入りの服がびしょびしょになっちゃった。逆に降水確率50%の日に傘を持っていったら、ずっと晴れていて傘をどこかに忘れたこともあるわ。

もー、降水確率っていったいどういう意味なの!?

せっかく、おろしたての
靴を履いてきたのに
雨が降るなんて……

問題の整理

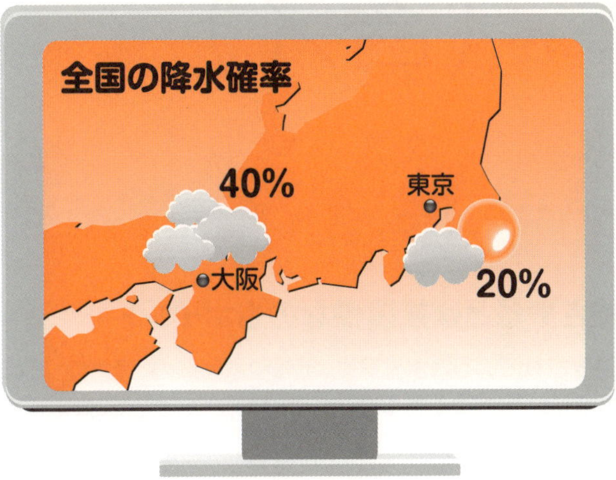

天気予報の降水確率ってどういうこと?

わからない人のためのちょっとヒント

朝出かけるときに傘を持っていくかどうか、天気予報で発表される「降水確率」で判断している人も多いはず。しかし、降水確率ってどういう基準で算出されているか知っている人はあまり多くはないのでは?

次ページでは降水確率の「確率」としての特殊性を解説します。特に外に長くいるときは、降水確率の見方が変わるなんてことも。一日の過ごし方と降水確率の関係をしっかり把握しましょう。

.12（答え）

降水確率とは6時間のうちに、1mm以上の雨が降る確率

雨の強さや量とは無関係なのもポイント

現在発表されている降水確率は、予報対象時間の6時間のうちに、1mm以上の雨または雪が降る確率を示しています。たとえば、降水確率20%というのは、降水確率20%と10回予報したときに、10回のうち2回は1mm以上の雨が降るということ。20%の確率で雨に降られる、という気象庁のアナウンスなわけですね。

同様に降水確率が50%だと、10回のうち5回は雨に降られるということで、まさに雨が降るか降らないかは五分五分ですね。

降水確率は、雨の強さや降る範囲なんかとは関係ないってこともポイント。降水確率が高ければたくさん雨が降るようにも感じるけど、降水確率20%の日にものすごいどしゃ降りになることもあれば、降水確率100%の日なのに小雨が降るだけなんてこともあります。

降水確率とは	気象庁による予報対象期間の6時間のうちに1mm以上の雨または雪が降る確率。気象・海洋学的要因を分析、「確率」という言葉で表現している。

降水確率20%は10回のうち2回は雨

降水確率50%は10回のうち5回は雨

また、降水確率は「午前6時～正午」や「正午～午後6時」といった具合に、予報対象時間を6時間ごとに分けて発表しています。ここも注意したいところ。普通わたしたちが遊びや仕事で外出するときには、予報対象時間の6時間より長く外にいることが多いはず。そんなときは外出中全体の降水確率を考える必要があるのです。

たとえば、午前（6時～12時）が降水確率50%、午後（12時～18時）も降水確率50%だと、なんだか昼間（6時～18時）の降水確率は50%だと思いがちだけど、これは間違い。下の計算のように午前か午後どちらかに雨が降ったり、午前午後両方で雨が降る確率を合わせると、昼間12時間の降水確率は75%になってしまいます。同じように計算すると午前午後とも降水確率30%のとき、昼間の降水確率は51%。一日中外にいるときは降水確率30%でも傘を持っていった方が安心ですね。

午前（6時～12時）**50%、午後**（12時～18時）**50%のときの昼間**（6時～18時）**の降水確率**

午前だけ雨		午後だけ雨		両方で雨
$\frac{50}{100} \times \frac{50}{100}$	+	$\frac{50}{100} \times \frac{50}{100}$	+	$\frac{50}{100} \times \frac{50}{100}$

$$= \frac{1}{4} + \frac{1}{4} + \frac{1}{4} = \frac{3}{4} = 75\%$$

午前30%、午後30%のときの、昼間の降水確率

$$\frac{30}{100} \times \frac{70}{100} + \frac{30}{100} \times \frac{70}{100} + \frac{30}{100} \times \frac{30}{100}$$

$$= \frac{21}{100} + \frac{21}{100} + \frac{9}{100} = \frac{51}{100} = 51\%$$

数学では完全に正解を導き出すことができない降水確率のことが、わかっていただけたでしょうか？　少ない降水確率でも気になる人は、いっそのことお気に入りの折りたたみ傘を購入しておくのはいかがでしょう。最近はおしゃれでコンパクトな折りたたみ傘がいっぱいあるんですよ。

Q.13 じゃんけん必勝法はある？人間心理と確率のお話

ふたりでじゃんけん！負けない確率はいくつ？

1回の勝負で負けない確率はどれくらいになるの？

いつもじゃんけんに負けてばかりで、やんなっちゃう。先日、友達とドライブに出かけたときも、どちらが運転するかでじゃんけんしたら、行きも帰りもわたしが一発で負けて、一日中ずぅーっと運転するハメに…。

じゃんけんは確率的に平等っていうけど、ふたりでじゃんけんする場合に、1回手を出したときに負けない確率ってどれくらいなのかしら？

わたしって、確率を超えてじゃんけんに弱いのかなぁ。

問題の整理

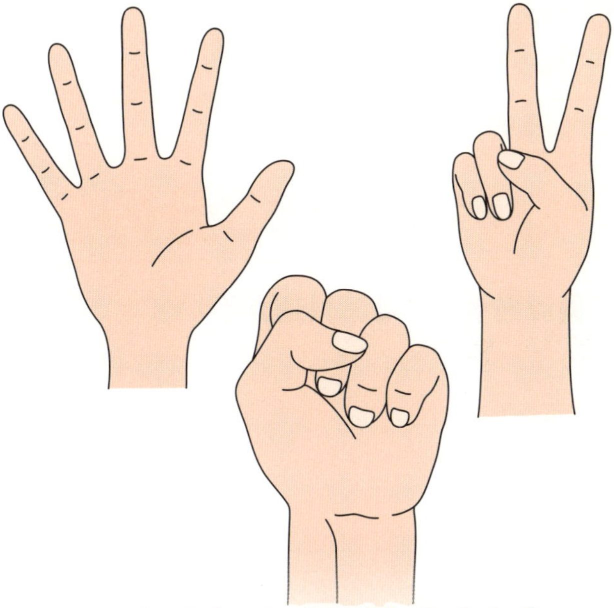

じゃんけんで1回手を出すとき「負けない」確率はいくつ？

わからない人のためのちょっとヒント

じゃんけんの結果は「勝ち」「負け」「あいこ」の3通り。このうち、負けないのは「勝ち」と「あいこ」の2通りですね。2人で1回じゃんけんしたときに、「勝ち」「負け」「あいこ」それぞれのパターンとなる手の出し方が何通りずつあるか考えれば、負けない確率が分かるはずです。

また、じゃんけんをする人数が変われば、1回の勝負で負けない確率が変わるかも、計算してみましょう。

.13（答え）

1回勝負で負けない確率は3分の2

一発で負けちゃうのは案外運が悪い？

Aさん、Bさんのふたりで1回じゃんけんをしたときに、負けない確率は

$$\frac{\text{Aさんが勝ち＋あいこ}}{\text{全部の組み合わせ}}$$ で求められます。

ふたりでじゃんけんしたときの全部の組み合わせは、それぞれ「グー」「チョキ」「パー」のいずれかを出すわけだから、3×3=9で9通りとなります。

続いてAさんが負けない手の出し方を計算。

これで、Aさんが負けない確率を計算してみると、$\frac{6}{9}=\frac{2}{3}$ となります。

「あいこ」も考えると、ふたりでじゃんけんをしたときに、1回手を出しただけで負ける確率は3分の1。

また、3人のじゃんけんで1回手を出したときのAさんが勝つ確率を見てみましょう。3人でじゃんけんをしたときの全部の組み合わせは、3×3×3=27の27通り。このうち、Aさんが勝つパターンは

Aさんだけが勝ち　　　3×1×1=3通り
AさんとBさんが勝ち　　3×1×1=3通り
AさんとCさんが勝ち　　3×1×1=3通り

つまり、Aさんが勝つのは3+3+3=9で9通りで、勝つ確率は $\frac{9}{27}=\frac{1}{3}$ となります。1回の勝負では2人でも3人でも勝つ確率は同じ$\frac{1}{3}$になるのです。

しかし、4人でじゃんけんをする場合は、違ってきます。4人でじゃんけんをしたときの全部の組み合わせは、3×3×3×3=81で81通り。このうち、Aさんが勝つパターンは

Aさんだけが勝ち　　3×1×1×1=3通り
A、Bさんが勝ち　　3×1×1×1=3通り
A、Cさんが勝ち　　3×1×1×1=3通り
A、Dさんが勝ち　　3×1×1×1=3通り
A、B、Cさんが勝ち　　3×1×1×1=3通り
A、B、Dさんが勝ち　　3×1×1×1=3通り
A、C、Dさんが勝ち　　3×1×1×1=3通り

つまり、Aさんが勝つ確率は $\frac{21}{81}=\frac{7}{27}$ となります。2人や3人でじゃんけんをしたときよりも、勝つ確率が低くなってしまいますね。これは、人数が多くなればなるほど、あいこの確率が多くなるため。4人でじゃんけんした場合にあいこになるパターンは、4人とも同じになる3通りと、4人がバラバラになる36通り、合わせて39通り。あいこになる確率は $\frac{39}{81}=\frac{13}{27}$ と、自分が勝つ確率$\frac{7}{27}$より高くなるのですね。

じゃんけんは確率的にいうと誰でも平等。だけど、じゃんけんには高度な心理戦という側面もあるわね。いつも同じ相手に負けてるなら、あなたのじゃんけんのクセなんかを見抜かれているのかも?

column 数学がもっと好きになる怜題

どうしてこんな形に? 算用数字の起源を探る

角の数で表現したのが由来との説も

普段わたしたちが数学で使っている数字は「1　2　3・・・」なんていう算用数字。**アラビア数字**ともいいますね。けれど、現在に通じる数字はもともと古代インド生まれ。それがアラビアを通じてヨーロッパ諸国に伝わったため、アラビア数字と呼ばれるようになったんですって。

アラビア数字の形の由来には諸説ありますが、なかでも有名なのが**角の数で表現した**というもの。初期のアラビア数字（下図）をみると、1なら角は1つ、2なら角の数は2つといった具合に、角の数で表現しているのがわかりますね。

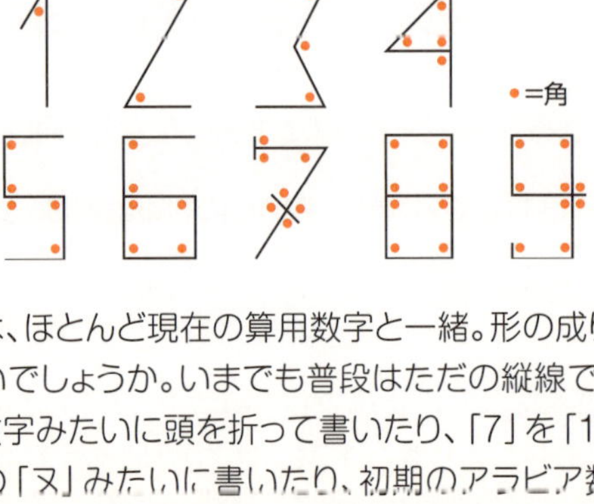

もうこの形は、ほとんど現在の算用数字と一緒。形の成り立ちが想像できるのではないでしょうか。いまでも普段はただの縦線で書く「1」を、初期のアラビア数字みたいに頭を折って書いたり、「7」を「1」と区別するためにカタカナの「ヌ」みたいに書いたり、初期のアラビア数字のなごりは残ってるんです。

第4章

磨こう！
「数学」センス　図形編

Q.14【円すい】
頭の大きさにぴったりなとんがり帽子の作り方って？……68

Q.15【三角関数】
円いピザを簡単に5等分できる切り方は？……72

Q.16【立方体】
サイコロのどの面にどの項目が入る？……76

Q.17【等分】
カステラを平等に5等分にするには？……80

Column　数学がもっと好きになる怜題
面積が20cm^2なのは3つの正方形のうちどれ？……84

とんがり帽子のできあがり！
「円すい」の秘密

頭の大きさにぴったりなとんがり帽子の作り方って？

かわいいとんがり帽子を作りたい！

子どもの誕生日会やクリスマスのパーティーグッズなどでは定番のとんがり帽子。子どものために、「オリジナルの帽子を作ってあげたい！」なんていうママさんもいらっしゃるのではないでしょうか。かわいい布地をボール紙に貼りつければ、きっと素敵な帽子が完成しますね。

でも、子どもの頭のサイズにピッタリのとんがり帽子でないと、大きすぎてつばの部分が目に入ってしまったり、小さすぎてすぐに落ちてしまったりします。

そこで、子どもの頭のサイズにピッタリのとんがり帽子を作る方法を数学的に考えてみましょう！　素敵な帽子が完成したら、きっと子どももよろこぶと思いますよ。

問題の整理

頭のサイズにぴったりの
とんがり帽子はどうやって作る?

わからない人のためのちょっとヒント

パーティーグッズの定番、とんがり帽子はきれいな「円すい」。円すいを平面に展開すると、きれいな「おうぎ形」になります。おうぎ形の弧の部分が、かぶる部分になるわけだから、弧の長さを頭の大きさと同じにすれば、頭にぴったりのとんがり帽子ができますね。

弧の長さがわかっているのだから、あとはそこから、どんな大きさの扇形にすればいいか、計算で導き出すことができます。

.14（答え）

型紙となるおうぎ形の大きさを頭の大きさから算出してみましょう

頭の大きさからおうぎ形の半径を計算

とんがり帽子はきれいな「円すい」でできています。円すいを平面に展開すると、下図のような「おうぎ形」になります。今回はおうぎ形の中心角を90度として、頭のサイズにぴったりな「とんがり帽子」になる、おうぎ形を作ってみましょう。

注目したいのがおうぎ形の弧の部分。ここが円すいの底面の円周=かぶる部分の大きさになります。おうぎ形の「弧の長さ」が頭の大きさと同じになればいいというわけですね。

とんがり帽子の展開図

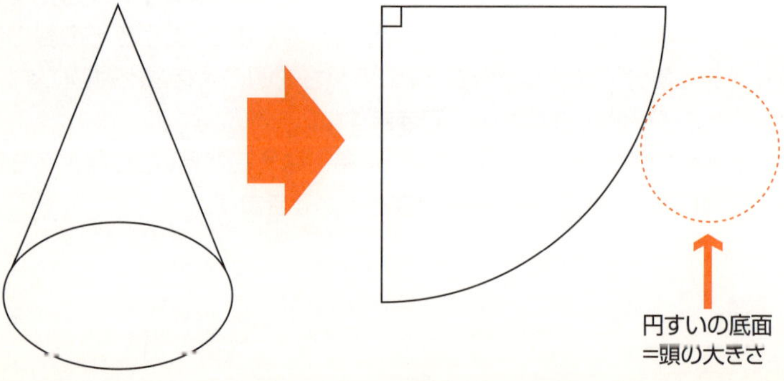

このおうぎ形は円を中心角（今回は90度）で切ったもの。そのため、弧の長さは円周の長さを求める公式「2×π（円周率3.14）×r（半径）」から求めることができます。円の半径を「x」とすると「弧の長さ＝$2\times\pi\times x\times\frac{90}{360}\left(\frac{中心角}{360度}\right)$」ということになります。

頭の大きさが「60cm」として、この式に当てはめてみると

$$60=2\times\pi\times x\times\frac{90}{360}$$

$$x=38.216\cdots$$

つまり、半径約38cm、中心角90度のおうぎ形を作れば、頭の大きさ60cmのとんがり帽子を作ることができます。

頭の大きさが60cmの場合

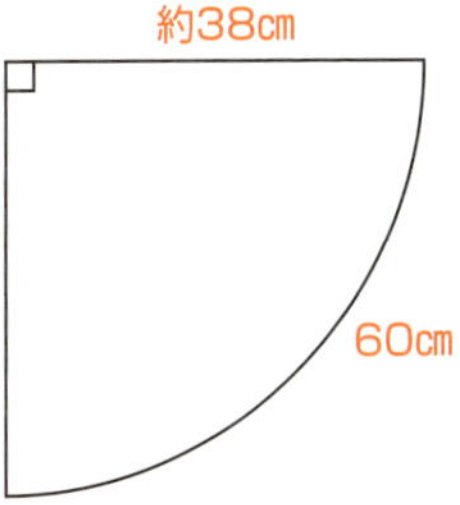

実際にとんがり帽子をボール紙で作る場合は、半径の長さの糸に鉛筆をくくりつけて、ボール紙の角を中心におうぎ形をかけば簡単。さらに、のりしろとなる部分も考えて、頭の大きさに2cmくらい足してから、半径を計算すれば完璧ね。子どものお誕生日会を華やかに演出できるよう、がんばってかわいいとんがり帽子を作ってあげて！

Tea Time

コーヒーのペーパードリップも円すい形

身近なものではコーヒーを淹れるときに使うペーパードリップも円すい形ですね。コーヒーの層が厚くなってしっかりうまみを抽出できるのが、円すい形ペーパードリップの利点なんですって。これは1908年にドイツのメリタ・ベンツ婦人が発明した方式。あれ、ちょっと聞き覚えがある名前よね。そう、ペーパードリップを発明したのは、いまも喫茶用品を作ってるメリタの創業者なのです。

Q.15 三角関数

もう揉め事はなし！
裏技で円いピザを5等分

円いピザを簡単に5等分できる切り方は？

きっちり同じ大きさで切り分ければ揉め事なし

新しいオーブンを買ったら、料理のレパートリーが大幅アップ！　なかでも、生地からこねたお手製ピザはみんなに好評で、得意料理のナンバーワンに。

けれど、ちょっと問題が。親戚の子どもたち5人に得意のピザを焼いてあげたとき、うまく5等分に切り分けられなくて、大きいピザを巡ってちょっとしたケンカになっちゃっいました。6等分なんかは簡単だけど、5等分に切り分けるのはホントに難しいわね。円いピザをきれいに5等分に切り分ける方法があるといいんだけど……。

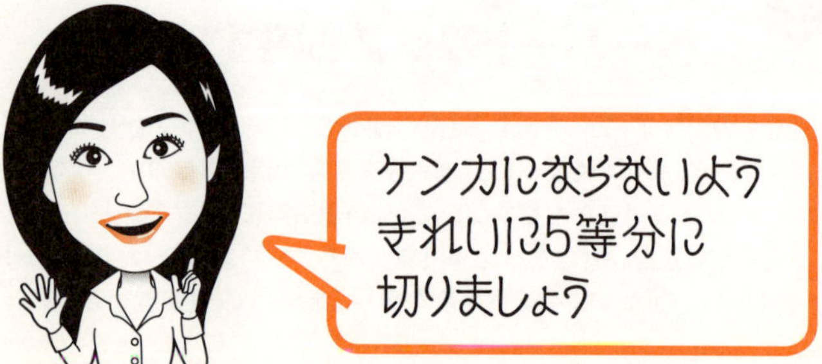

ケンカにならないよう
きれいに5等分に
切りましょう

問題の整理

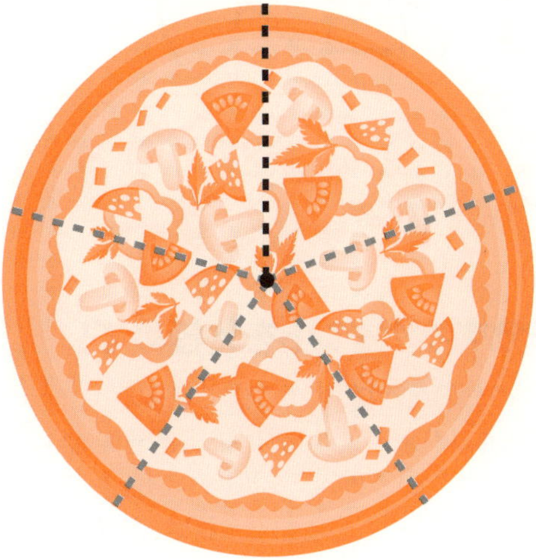

**円いピザを
きれいに5等分することってできる？**

わからない人のためのちょっとヒント

ピザやケーキなど円いものを5等分に切り分けるのが難しいものです。しかし、ウラワザがあるので大丈夫。

ウラワザのポイントは、円の直径を3等分する位置を見つけるところ。これさえマスターすれば、簡単なステップで円いものを5等分できるようになります。

.15（答え）

円いピザを5等分するウラワザをマスター

直径を3等分するポイントを見極めて！

ピザなど円形のものをきれいに5等分にするのは、ウラワザを使えば意外と簡単。以下の4つのステップに従えば、5等分に切り分けることができちゃいます。気をつけたいのがステップ②の、直径を3等分にする位置を見極めるところ。ここさえしっかり目測できれば、あとはそんなに難しくありませんよ。

ウラワザをマスターして、ケンカのないようピザを切り分けてね。

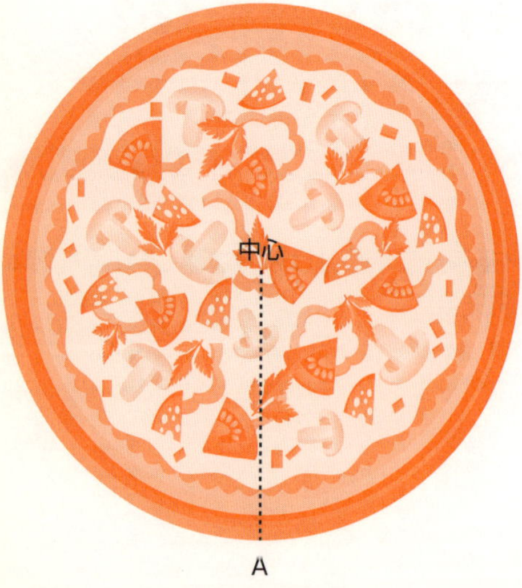

STEP01

はじめに、ピザの中心から真下に向かってカット。切ったフチをAとします。ここを間違うと台無しだから、ちゃんと中心から切ってね。

STEP02

次に切れ目のA地点が左に来るように90°回転します。そして図のようにピザの直径が3等分になるような縦の線を目測。線とフチが交わった地点をB、Cとします。目測できたら、中心からB地点、C地点それぞれに向かってカットします。

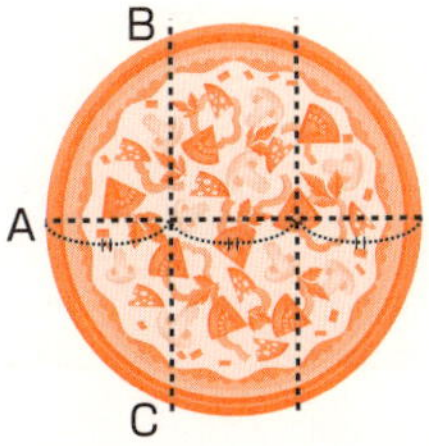

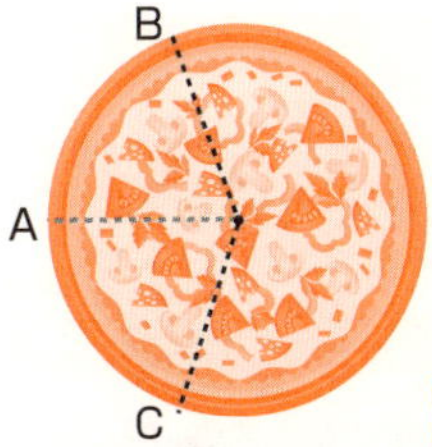

なぜ、3等分?

なぜ、直径が3等分になる地点を目測すると、5等分に切り分けられるのか…。B地点で切るときは右の図のような、直角三角形ができます。斜辺の長さ=ピザの半径、底辺の長さ=半径の$\frac{1}{3}$がわかっていますから、三角関数を使えばBで切るときの中心の角度が計算できます。これを解くと角度は70.53°。円を五等分にしたときの角度は72°なので、おおよそ5等分にしたときと同じ角度になるのです。

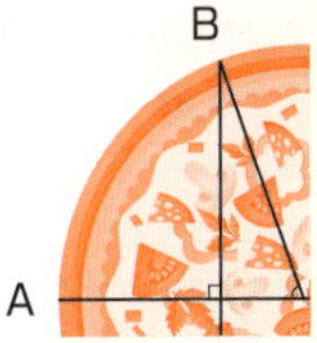

STEP03

あとは簡単。A地点とB地点が水平になるようにピザを回して、中心から真下に向かってカットします。

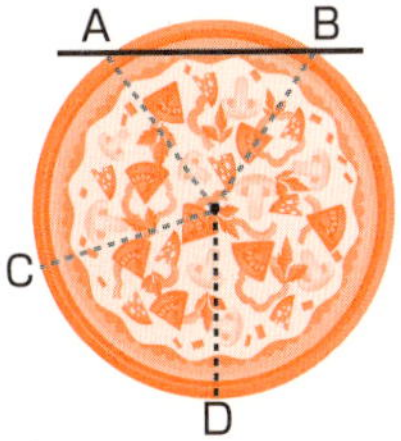

STEP04

最後に今度はA地点とC地点が水平になるようにピザを回して、中心から真下にカットすれば、5等分のできあがりです。

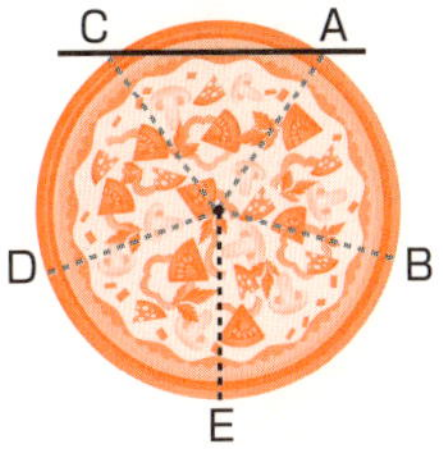

冷めてしまわないうちに、手早く分けてあげなきゃね。

Q.16 思い通りのサイコロに 立方体の展開図のお話

サイコロのどの面にどの項目が入る?

展開図と立方体の関係を教えて

お友達の結婚式の二次会で、新郎新婦の面白いエピソードを引き出すために、お昼の某番組みたいなサイコロを作りたいんだけど、うまく項目をちりばめるにはどうしたらいい? 「恋の話」とか「情けない話」とか、平面の展開図に項目を書いたら、できあがりのサイコロではどの面にその項目がくるのかしら。

配置した項目が、サイコロのどの面になるのか、展開図から想像するのは難しいものですね。今回は右ページのような展開図で、どこにどの項目がくるのか考えてみましょう。

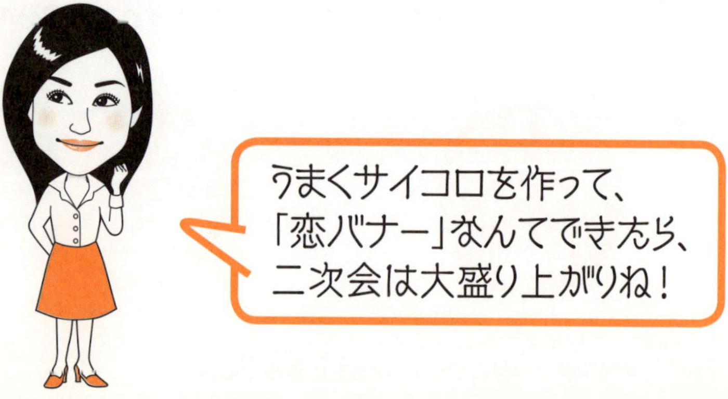

うまくサイコロを作って、
「恋バナー」なんてできたら、
二次会は大盛り上がりね!

問題の整理

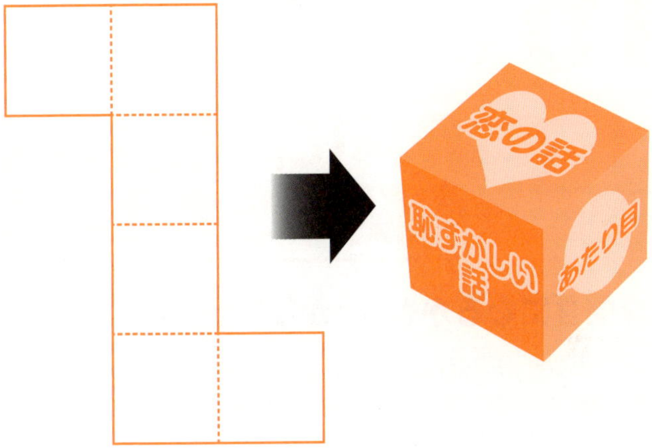

**こんな展開図からサイコロを作るとき
どこにどの項目が入る?**

わからない人のためのちょっとヒント

展開図とできあがりのサイコロの関係をつかむには、サイコロの8つの角が展開図のどこの部分に当たるか考えるといいでしょう。

まず、サイコロの角にA、B、C、Dなんて印を付けて、展開図の該当する地点に同じ印を付けていけば、その関係が見えてきます。

.16（答え）

サイコロの角に印を付けて展開図との関係を考えよう

どんな向きになるかもしっかりチェック

展開図からサイコロを作ったとき、どんなふうに項目が入るか想像するのは、案外難しいものです。入れる絵柄の向きまで頭の中だけで考えていると、混乱してしまうので、やはり図を描いてみるといいでしょう。サイコロは何種類かの展開図から作成できますが、今回は下図のような展開図からサイコロを作ることにして、できあがりの立体との関係を見ていきましょう。各面に入る項目は分かりやすいよう「あ」～「か」としました。

展開図とサイコロの関係を考えるには、できあがりのサイコロの角が展開図のどの部分に当たるか考えればOK。まずはできあがりのサイコロの8つの角に「A～H」の記号を付けて、「い」「う」の面が見えているときに、下の右図「X」の面にどの項目がどんな向きで入るか、順を追って考えてみましょう。

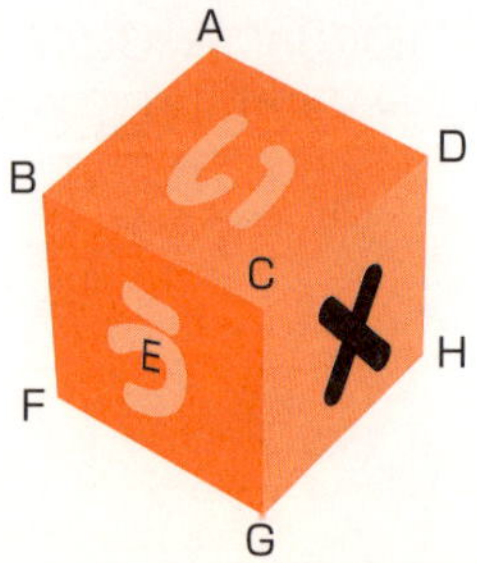

はじめにサイコロの見えている「い」「う」の面の角が、展開図のどこにくるかチェック。図1のように展開図に対応する角の記号を付けてみましょう。「い」と「う」の面がわかれば、「え」と「お」の面もわかるはずです。

図1

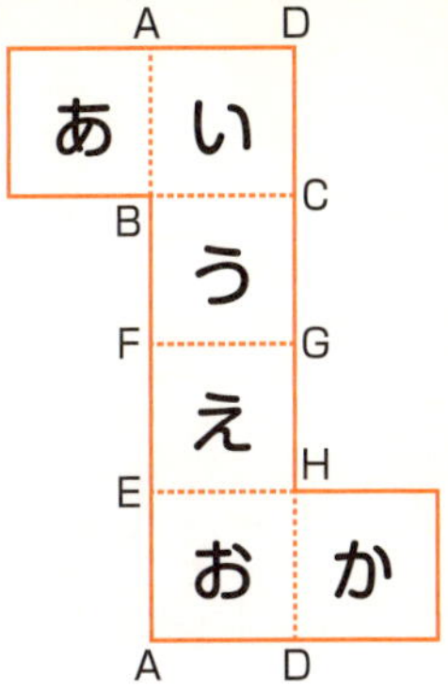

さらにDとHをもとにして、図2のように展開図にCとGの記号を付ければ、「X」の面にどの項目がどんな向きで入るかわかります。「か」の面が上下ひっくり返って入るのが想像できたでしょうか（図3）。

図2

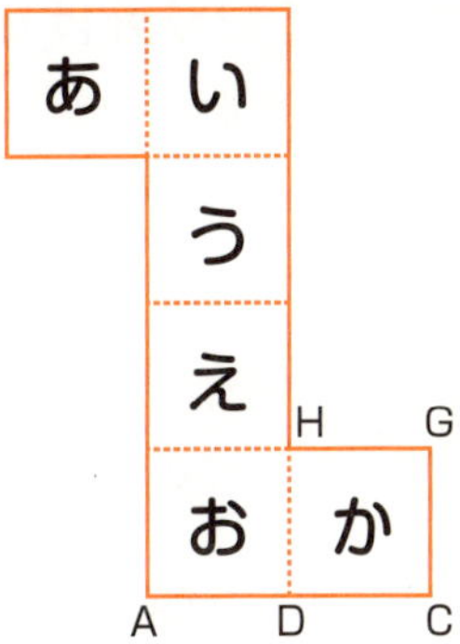

展開図とできあがりのサイコロの関係は、サイコロの角が展開図のどこにくるか考えればつかめるのね。これで「恋の話」とか「情けない話」「今だからゴメンナサイ話」なんて、サイコロトークを盛り上げる項目をうまく配置することができるはず。

サイコロを使って、新郎新婦の秘密をいっぱい聞き出しちゃおーっと。

図3

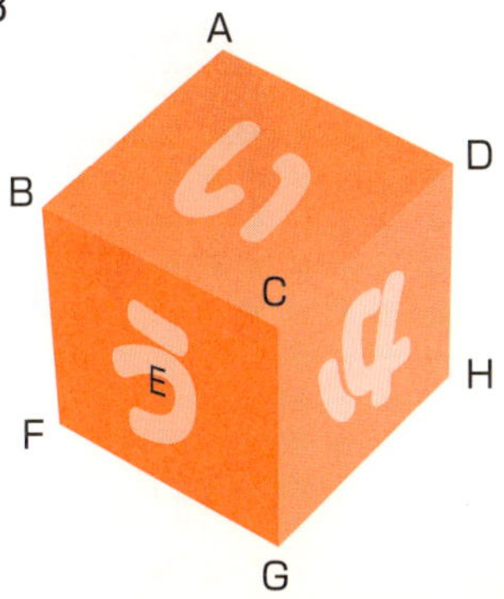

長方形をきれいに5等分

カステラを平等に5等分にするには?

きれいに切り分けられる?

円いピザやホールケーキを切り分けるのも難しいけど、上から見て長方形になるカステラやパウンドケーキもきちんと人数分に切り分けるのは難しいものね。とくに3等分や5等分なんて、奇数で切り分けるのはやっかいだわ。

この間、楽屋に有名なカステラが届いたときも、周りにいた人はわたしも含めて5人。うまく5等分にできなくて、わたしが小さいのを食べるハメに……。

長方形のものをうまく5等分にできる方法ってあるかしら。

大好きなスイーツが
私だけ小さいと
ショックよね……

問題の整理

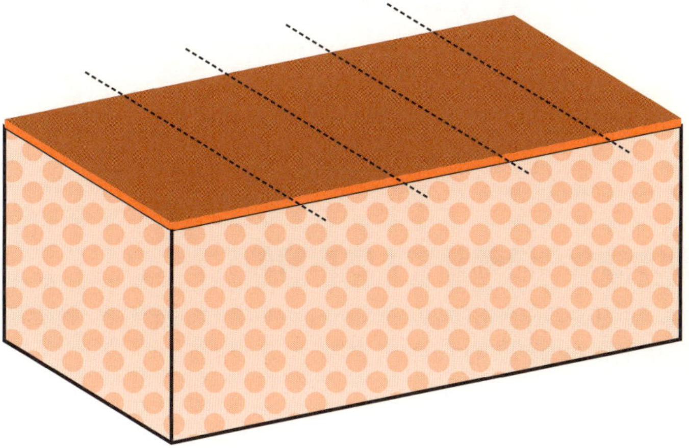

**上から見て長方形の
カステラを5等分するには?**

わからない人のためのちょっとヒント

長方形のものを目分量で5等分にするのは大変。けれど、身近にあるものを使えば、案外、簡単に5等分することができそうです。

使うのはズバリ、学校で使うノート。さて、ノートをどうやって使えば5等分にすることができるでしょうか。ノートさえあれば何等分にだって簡単に切り分けられるようになります。

.17（答え）

ノートなどの罫線を使って長方形を5等分

この方法なら何等分でも応用可能

カステラなどの長方形のものは、ノートやレポート用紙など、等間隔の罫線が引かれたものを使えば、簡単に5等分にできます。

5等分にする場合は、はじめに、カステラを真上から見て、1つの角を1本目の罫線に合わせます。角を罫線に合わせたら、そこから5本目の罫線にカステラの反対側の角を合わせます。これで、間の4本の罫線とカステラが交わる地点で切り分ければ、きれいに5等分することができます。もしかして、文具屋さんで売っているカッティングマットも便利かも。

カステラを5等分

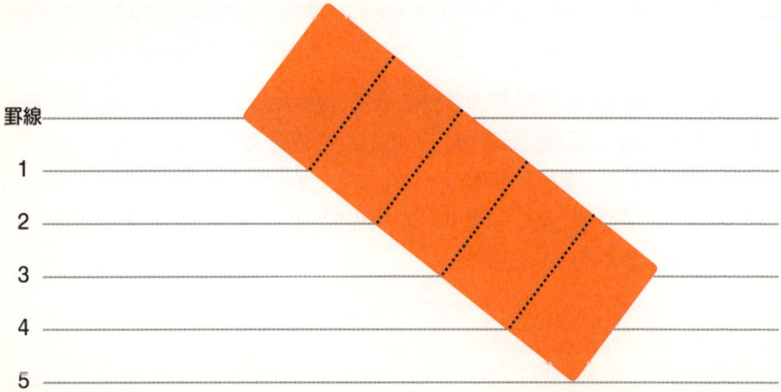

この方法は3等分でも7等分でも応用可能。ケーキなんかを切り分けるときだけでなく、紙をきれいに折るときにも利用できます。よく、便せんを封筒に収めるために、3つ折りにしなければならいときがあるけど、この方法を使えば簡単。罫線に斜めに便せんをおいて、罫線を3等分した場所で便せんを折れば、きれいな3つ折りになります。

便箋を3つ折り

このウラワザは本当に便利。いつも苦労していた3つ折りも簡単ね。かわいい便せんを使ったって、折り目が汚いと台無し。みんなも、大切な人へのお手紙はウラワザを使って、きれいな3つ折りにしてね。

もっと簡単! お手軽3つ折り法

よく利用するA4の用紙なら、もっと手軽な3つ折り法があります。右の図のように、用紙の短い側を折り目を付けないように斜めに折って(①)、角と長い側が重なった地点で縦に折ります(②)。あとは、できあがった正方形を2つに折ります(③)。これでいわゆる巻き3つ折りの完成。正確な3等分ではありませんが、ほかの道具を使わずに長3形の封筒に入る3つ折りができあがります。

A4用紙を簡単3つ折り

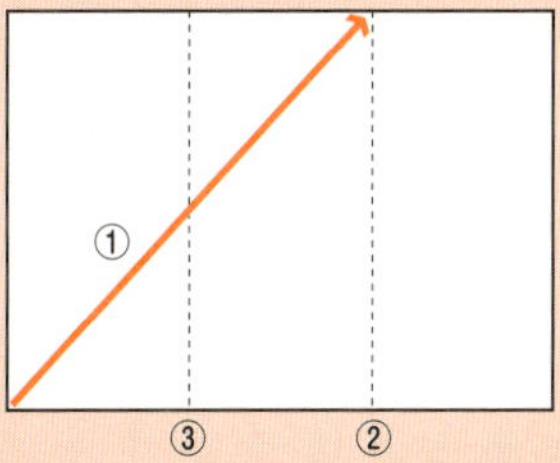

column 数学がもっと好きになる問題

面積が20cm²なのは3つの正方形のうちどれ？

三平方の定理から正方形の面積を求めてみましょう

1cm間隔の方眼紙の上に正方形が3つ置かれています。面積が$20cm^2$になるのは、A、B、Cのうちどれ？

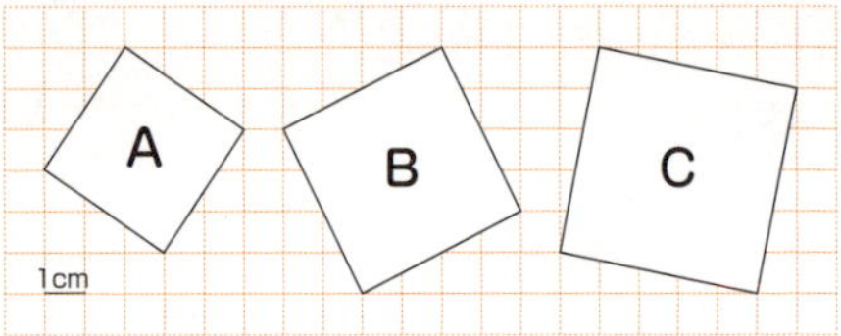

この問題は「三平方の定理」を使います。三平方の定理とは直角三角形の3辺の長さの関係を表わすもので、直角三角形の斜辺の長さをc、その他の辺の長さをa、bとすると、「$a^2+b^2=c^2$」という公式が成立します。

まず、Aの正方形で1辺をxとして計算すると、$x^2=3^2+2^2$。つまり

$$x=\sqrt{3^2+2^2}$$

そして面積は$x\times x=x^2$だから、$(\sqrt{3^2+2^2})^2=13cm^2$となりますね。

同じようにほかの正方形も計算すると

A: $(\sqrt{3^2+2^2})^2=13cm^2$

B: $(\sqrt{2^2+4^2})^2=20cm^2$

C: $(\sqrt{5^2+1^2})^2=26cm^2$

これで、面積$20cm^2$の正方形は「B」が正解とわかりますね。

第5章

磨こう!
「数学」センス 勘定編

Q.18【数列】
500円のお小遣いを毎年2倍に10年目にはいくらになる? 86

Q.19【利息】
60,000円借りて1日の利息が50円。これって安い金額? 90

Q.20【倍数】
2574円のおつり3人でぴったり分けられる? 94

Q.21【比率】
3人で借りたレンタカー代をきっちり割り勘する方法って? 98

Q.22【ローン】
ローンで支払う利息はいくら? 102

Column 数学がもっと好きになる怜題
マイナス×マイナスはなぜプラスになるの? 106

Q.18 倍々アップの将来は? 等比数列のお話

500円のお小遣いを毎年2倍に10年目にはいくらになる?

そんな約束してお母さん大丈夫?

現在、親戚のお家では、お母さんと小学1年生の子どもがお小遣いの増額を巡って大論争中。子どもはいま500円のお小遣いをもらっているけど、3,000円ももらっている友達もいて、とても不満みたい。毎日うるさく値上げを要求するものだから、困ったお母さんは「毎年2倍にしてあげる」なんて約束しちゃったんだって。

これで決着したみたいだけど、そんな約束してお母さん大丈夫かしら。10年目にはいったいいくらになるの?

私も子どもの頃、
お小遣いのやりくりに
苦労したわ……

問題の整理

500円からスタート
毎年2倍にすると10年目はいくら?

わからない人のためのちょっとヒント

毎年2倍にしていくと、2年目は500×2=1000円、3年目は500×2×2=2000円…。こんな風に同じ数字を掛けていくことになりますね。

その答えは500、1000、2000というように、隣り合う数字の比が一定の数列になります。この数列を数学では「等比数列」といいます。等比数列の公式を知れば、何年目の金額だって、すぐに計算することができます。

.18（答え）

500円を倍々にしていくと10年後には256,000円に！

等比数列の一般項の求め方で計算

500円のお小遣いを毎年2倍にするなんて、お母さんはちょっと軽率な約束をしてしまいましたね。10年目には大変な数字になってしまいますよ。まずは現在を1年目として、順にいくらになるのか計算してみましょう。

1年目　500
2年目　500×2
3年目　500×2×2　　=500×2^2
4年目　500×2×2×2　=500×2^3

といった具合に最初の500円に2の何乗かを掛けていくわけですね。ここで注目したいのが指数（数字の肩に乗っている数字）が、年よりも1つ小さい数字になっているところ。これで、10年目の計算式は、「$500\times2^{(10-1)}$」となりますね。これを計算すると

10年目　$500\times2^{(10-1)}=256000$

なんと、500円を毎年2倍にすると、10年目には256,000円にもなってしまうのです。

今回の問題の答えを1年目から並べていくと、500、1000、2000、4000、8000と並びます。数字（項）を2倍にしていったわけですから、隣り合った数字の比はどこでも「1:2」となるのがわかりますね。こんな隣り合った項の比が一定な数列を、数学では「等比数列」といいます。

この比（公比）を「r」で表わして、初めの項（初項）を「a」で表わすと、下の等比数列になります。

$$a, ar, ar^2, ar^3, ar^4, ar^5 \cdots$$

この並び順から、n番目の項（一般項）を求める式は

$$ar^{n-1}$$

となるのがわかります。

この式を知っていれば今回の問題を解くのも簡単。初項が500、公比が2の10番目の項ということなので、

$$500 \times 2^{(10-1)} = 256000$$

という式がパッと浮かびますが…。

えぇーっ！　最初が500円でも倍々にしていくと、すごい金額になっちゃいますね。10年目の高校1年生の時のお小遣いが256,000円なんて、いくらなんでも多すぎよ！

Tea Time

「ねずみ算」も等比数列で計算

有名な算数の問題に「ねずみ算」があります。これは「正月にネズミの父母が子供を12匹産んで、親と合わせて14匹に（雄雌比が1:1で生まれると考える）。2月には12匹を生んだ親も子供も、また子供を12匹ずつ産んで全部で98匹……と、毎月12匹ずつ産むと12月には何匹になる?」という問題。等比数列の一般項の求め方を知っていれば計算できるわね。初項2、公比7の13番目（初項を含めて）の項だから、「$2 \times 7^{(13-1)}$」という式になって、答えは276億8257万4402匹！　「ねずみ算的に増える」なんていうけど、すごい増え方ね。

Q.19 利息は妥当？ 利息から金利を計算

60,000円借りて1日の利息が50円。これって安い金額？

一週間で返せば350円。コーヒー1杯くらいの値段だけど…

Aさんがショッピングに出かけたら、すっごくかわいいバッグを発見！　けれど、値段は6万円とちょっとお高め……。ちょうど持ち合わせがなかったので、友人に6万円借りちゃいました。

利息なしで借りるのは悪いから、1日50円の利息で借りちゃったんだけど、これって妥当な金額かしら？　1週間で返せば350円の利息でコーヒー1杯くらいの金額だけど……。

あとでトラブルにならないように、祈るばかりです。

お金のトラブルはないようにしっかりしないとね

問題の整理

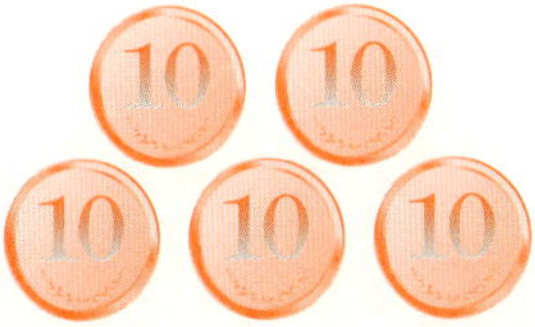

60,000円を借りて、
1日50円の利息

1週間で返せばコーヒー1杯分位の
利息だけどこれって妥当？

わからない人のためのちょっとヒント

1日の利息から1年間借りたときの利息を計算して、年利に直してみましょう。日本の法律では個人間の貸し借りでも「利息制限法」によって、年利の上限が定められています。利息制限法では元本が10万円未満の場合、年20％が金利の上限。はたして、6万円を1日50円の利息で借りたときは、年利何％になるでしょう。

年利20％を超えていたら……。

.19（答え）

6万円を1日50円の利息で借りると年利は約30%に！

利息制限法で定められた上限を超えてしまいます

6万円借りて1日の利息が50円なら1週間で返せば350円と、コーヒー1杯分くらい…気軽な値段だと思いがちだけど、ちょっと気をつけて。1日の利息から年利を計算して、問題のない利息か考えてみましょう。

1日の利息から年利を求めるには、まず1年分の利息の総額を求めます。1年分の利息は1日の利息50円に1年の日数365を掛ければいいですね。

50円×365日=18250円

これで1年借りたときの利息の総額は18,250円。60,000円の元金に対して利息が18250円なのだから、

18250÷60000=0.3041=約30%

なんと年利にすると約30%となってしまいます。

利息の上限を定める「利息制限法」では

元本が100,000円未満の場合　年2割(年利20%)
元本が100,000円以上1,000,000円未満の場合　年1割8分(年利18%)
元本が1,000,000円以上の場合　年1割5分(年利15%)

と、定められていますから、6万円借りて1日50円の利息では、法律で定められている利率より大きくなってしまいます。

では、利息制限法の上限金利「元本が100,000円未満の場合　年2割(年利20%)」で、6万円借りた場合の1日の利息がいくらになるか計算してみましょう。1日の利率は年利を365で割れば計算できるので、

0.2÷365=約0.00055

この1日の利率から1日の利息を計算すると、

60000円×0.00055=33円

と、6万円借りた場合の法律で定められた1日の利息は約33円ということになります。友人間のお金の貸し借りでも、上限金利を超えてしまうと、もちろん法律違反になりますから注意が必要です。

1日50円ならいいかって気軽に考えてはダメ。お金の貸し借りはトラブルのもとになることもあるから、よく考えなくちゃね。

Tea Time

「トイチ」って年利どれくらい?

「トイチ」って言葉、耳にしたことってあるかしら。裏金融を扱ったドラマなんかで、よく出てくる言葉だけど、これってどういう意味かわかります?

「トイチ」とは「10日で1割(10%)の金利」って意味。これを年利に直すと、「0.1÷10×365=3.65」で、なんと年利365%の超高金利。トイチで10,000円を1年間借りたら、利息だけで36,500円にもなっちゃうんです。こんな恐ろしい金利はドラマのなかだけにしてほしいですよね。

Q.20

これで割り勘も簡単！
倍数の見分け方

2574円のおつり 3人でぴったり分けられる？

3で割り切れるかすぐに見分ける方法を教えて！

きのうは仕事帰りに友人たちと3人で、いつもの居酒屋へ。お酒も料理も美味しいし、ガールズトークも盛り上がって大満足。だけど、お勘定のときにちょっと困っちゃった。

同じ歳の友達だからお勘定はいつも割り勘。とりあえずみんなから5,000円札を集めてお勘定したら、2,574円のおつりがもらえたんだけど、3人にきっちり分けられるか、すぐにはわからなくて…計算にとまどっちゃいました。

3で割り切れるか、すぐに見分けられる方法ってないかしら？

かかったお金は
みんなで割り勘。
それが一番
スッキリするわよね！

問題の整理

**2,574円のおつり、
3人でぴったり分けられる?**

わからない人のためのちょっとヒント

3人でぴったり割り勘にできる数は、3や6、12や27など、3の倍数だということはわかりますね。こんな1桁や2桁の数字ならすぐに見分けられますが、4桁ともなるとちょっと見分けがつかないものです。

けれど3の倍数を見分ける計算方法があるので、覚えておくといいですね。次ページでは3の倍数をはじめ、いろんな倍数の見分け方を紹介します。これで、どんな人数や金額でも、きっちり割り勘できるか見分けられるようになるわよ。

.20（答え）

各位の数字を足せば3で割り切れるか判別可能

倍数の見分け方をマスターしてね

3人でぴったり分けられるのは、金額が3の倍数のとき。3の倍数か見分けるには、まず金額の各位の数字を全部足してみます。この足した答えが3の倍数だったとき、もとの数字も3の倍数になります。

今回の問題では2574円が3人でぴったり割れるか判断するのですから、「2+5+7+4」の答えが、3の倍数になるかみてみましょう。

2+5+7+4=18

で、18は3の倍数ですから、2574円は3の倍数ということになります。

実際に2574円を3で割ってみると答えは858円。ぴったり3で割り切れましたね。

では、どうして「各位の数字を全部足したものが3の倍数」だと、もとの数字も3の倍数になるのか、もとの数字を「*abcd*」として考えてみましょう。

まず、4桁の$abcd$という数字は以下のような式になりますね。

$$abcd = a \times 1000 + b \times 100 + c \times 10 + d \times 1$$

続いて、この式を以下のように変形します。

$$\begin{aligned} abcd &= a \times (999+1) + b \times (99+1) + c \times (9+1) + d \times 1 \\ &= 999a + a + 99b + b + 9c + c + d \\ &= 9(111a + 11b + c) + (a + b + c + d) \end{aligned}$$

これで、「$9(111a+11b+c)$」の部分はどんな数字でも、9の倍数つまり3の倍数になるので、各位の数字を足した「$a+b+c+d$」の部分が3の倍数なら、もとの数字も3の倍数になるというわけです。

また、ほかの倍数についても見分け方があるので、まとめてみましょう。

2の倍数	1の位が2の倍数
3の倍数	各位の数字を足した合計が3の倍数
4の倍数	下2桁が4の倍数
5の倍数	1の位が0か5
6の倍数	2の倍数（偶数）で、3の倍数になる数字
7の倍数	1の位の数と10以上の位の数に分け、10以上の位の数と1の位の数の2倍との差が7の倍数
8の倍数	下3桁が8の倍数または000
9の倍数	各位の数字を足した合計が9の倍数

いろいろな倍数の見分け方を覚えておくと、すっごく便利。これでどんな金額でもきっちり割り勘できるか見極められるわ。

だけど、恋愛のモヤモヤとした気持ちは、どうやったって割り切れないわね。割り切れない思いを解消する方法が、あればいいんだけど……。はぁ〜。

Q.21

利用した分だけ負担してね！
割り勘のお話

3人で借りたレンタカー代をきっちり割り勘する方法って？

利用した距離分だけ平等に負担するには？

今度の休みは友人たち3人と、レンタカーを借りて山のデイキャンプ場へバーベキューをしに行くんだけど、レンタカー代はどうやって割り勘にしたらいいのかしら？　わたしが家の近所のレンタカー会社で借りて、途中で友人2人をそれぞれ拾っていく段取りで、不公平がないようそれぞれ利用した距離に応じて割り勘にしたいんだけど…。

たとえば、利用料金22,000円のレンタカーを借りて、60km離れたデイキャンプ場へいくとき、Aさんの家からスタートして、20km地点のBさんと50km地点のCさんを拾っていくとしたら、Aさん、Bさん、Cさんそれぞれの負担額はいくらになるのでしょう。

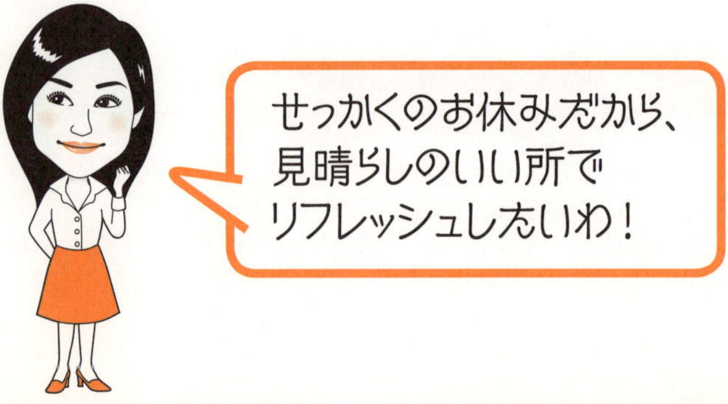

せっかくのお休みだから、
見晴らしのいい所で
リフレッシュしたいわ！

問題の整理

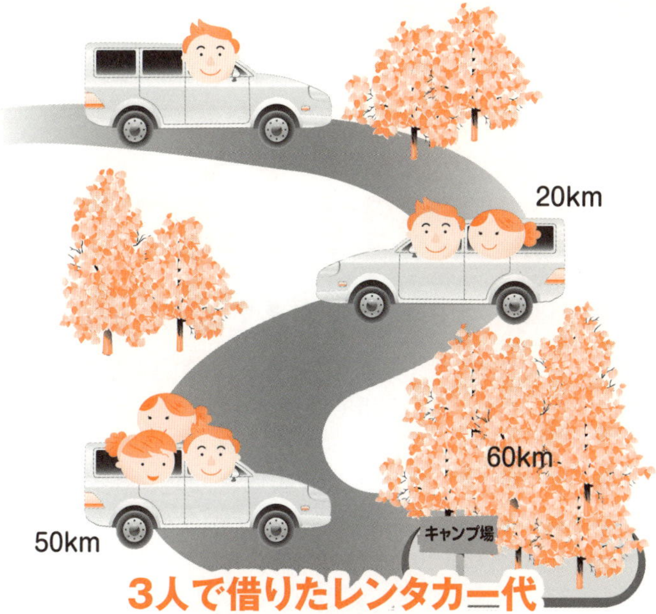

3人で借りたレンタカー代
利用した距離分だけ
平等に割り勘するには?

わからない人のためのちょっとヒント

使った分だけきっちり割り勘するには、Aさん、Bさん、Cさんの乗った距離の比と、支払う金額の比を同じにすればいいわね。

まずはそれぞれがレンタカーに乗る距離の比を求めて、レンタカーの料金をその比で分ければ、それぞれの負担額が計算できます。乗った距離の比で計算するので、片道だけの計算でOK。往復の距離で計算しても、同じ結果になります。

.21（答え）

乗った距離に応じて6:4:1で分担すればOK

それぞれが利用する距離を考えてみましょう

割り勘にはさまざまな考え方があります。一般的には単純に人数で割るってことが多いようですが、利用した分だけ負担するって考え方もあります。今回の問題のようにレンタカーを使う距離がそれぞれ違う場合などは、利用した分だけ負担する方が不公平のない割り勘になりますね。

利用した距離に応じて負担するには、それぞれの乗った距離の比で、レンタカー料金を分ければいいですね。負担額を求めるために、まずはAさん、Bさん、Cさんが目的地に着くまでにどれだけの距離を乗るかみてみましょう。

このように、Aさんが60km、Bさんが40km、Cさんが10km乗ることになるので、その比は

Aさん:Bさん:Cさん=60:40:10=6:4:1

となります。22,000円のレンタカー料金をこの比で分けるには、まず、比を足した「11」で料金を割って、それぞれの距離の比を掛ければいいですね。

これで、それぞれの負担額は

Aさん　22,000÷11×6=12,000円
Bさん　22,000÷11×4=8,000円
Cさん　22,000÷11×1=2,000円

と、なります。

利用した距離に応じて負担するのは公平よね。だけど、最後にレンタカー会社まで車を返しに行くAさんは、帰りはずっと運転しっぱなしになって、バーベキューでお酒が飲めないんじゃないかしら…。お酒も飲めないし、運転もお願いするんだから、負担額はまけてあげなくっちゃね。

Tea Time

お隣、中国の割り勘事情は？

日本や欧米などでは普通に行なわれている割り勘だけど、お隣中国ではちょっと事情が違うみたい。飲食店などでの支払いは年長者や誘った人がするのが当たり前で、割り勘にするのはその人のメンツをつぶしてしまうことにもなるんですって。

けど、最近は若い人の間に割り勘の習慣が入ってきたようね。外来の習慣だから、中国語で割り勘は「AA制（エイエイ ジー）」なんて、アルファベット混じりの言葉になっています。

Q.22 ローン

金利と利息の関係は?
ローンの計算方法

ローンで支払う利息はいくら?

40万円を年利10%20回払いで借りると利息はどれくらい?

お家で映画やスポーツ番組を迫力たっぷりに楽しめる大画面テレビは魅力よね。わたしも、どーんと55型の液晶テレビを買っちゃおうと思うんだけど、値段を見てびっくり。ほしい機種は40万円もして、現金で買うのに躊躇しちゃいました。

そこで、ローンを利用しようと思うんだけど、利息はいくらになるのかしら。40万円を「年利10% 20回払い」のローンにした場合、支払う利息の総額はどうやって計算するの?

定価に対して、いくらぐらい
高くなるのか……。
かといって現金払いも
できないし……。

問題の整理

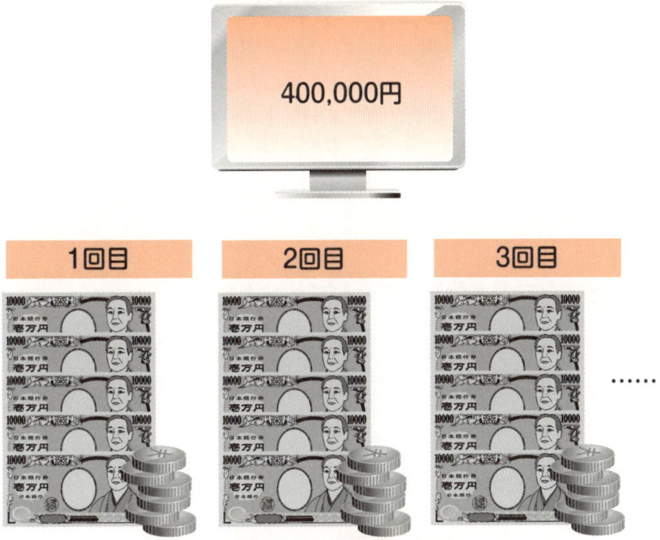

400,000円を
年利10% 20回のローンで買うと、
利息の総額はいくら?

わからない人のためのちょっとヒント

一般的なローンは「元利均等返済方式」という返済方法を採用しています。これは毎回の返済額が一定になる方式。毎月同じ金額を払えばいいというわかりやすさで、多くのローンで採用されています。

「元利均等返済方式」は次ページで紹介する計算方法で、毎月の支払額や利息の総額を計算することができます。ローンを利用する前にしっかり計算しておくといいでしょう。

.22（答え）

計算式に当てはめて毎月の支払額や利息を計算

「元利均等返済方式」の計算方法をチェック

一般的なローンで利用されている「元利均等返済方式」は、毎回の返済額（元金+利息）を均等にした返済方式。以下の計算式で毎月の返済額を算出することができます。

元利均等返済方式の計算方法

$$\text{毎月の返済額}=\frac{\text{借入金額}\times\text{利率}\times(1+\text{利率})^{\text{返済回数}}}{(1+\text{利率})^{\text{返済回数}}-1}$$

また、一般的なローンでは、利率が年利（10%）で表示されていますが、毎月払いで返済する場合は、年利を12で割った月利（0.833...%）で計算します。今回の問題では借入金額=400,000円、利率=0.00833（10%÷12÷100）、返済回数=20回で、計算式に当てはめてみましょう。これを計算すると毎月の返済額は約21,795円となります。

$$\text{毎月の返済額}=\frac{400{,}000\times0.00833\times(1+0.00833)^{20}}{(1+0.00833)^{20}-1}\fallingdotseq 21{,}795\text{円}$$

毎月の支払額が21,795円と計算できれば、利息の総額を計算するのは簡単。まず毎月の返済額に返済回数を掛けて返済総額を求めて、そこから借入金額を引けば、利息の総額が算出できます。

支払総額=毎月の返済額×返済回数　　21,795円×20=435,900円

利息総額=支払総額-借入金額　　435,900円−400,000円=35,900円

これで、40万円を年利10%20回払いのローンにしたときの利息の総額は「35,900円」となります。

ローンの計算ってホントにややこしいわね。けど、最終的にどれだけ支払わなきゃならないか、しっかり把握しておかなきゃダメ。自分で計算できないときは、店員さんに計算書を必ず見せてもらって、どれだけ利息を払うことになるか確認しましょうね。

Tea Time

ウェブを使って累乗を計算

今回のローンの計算方法でも「(1+利率)^返済回数」なんて式が出てきますが、こんな累乗の計算は大変。累乗の計算は普通の電卓ではできなくてやっかいです。だけど、手軽に累乗を計算できるウラワザがあるので覚えておいて。利用するのは大手検索サイトフロントページ。その検索ボックスには高度な電卓機能がついていて、式を入力するだけで即座に計算してくれます。たとえば「2の3乗」なんて計算する場合は、検索ボックスに「2^3」と入力して、「検索」ボタンを押せばOK。きちんと「8」って答えを出してくれます。携帯電話からでも利用できるので、試してみて。

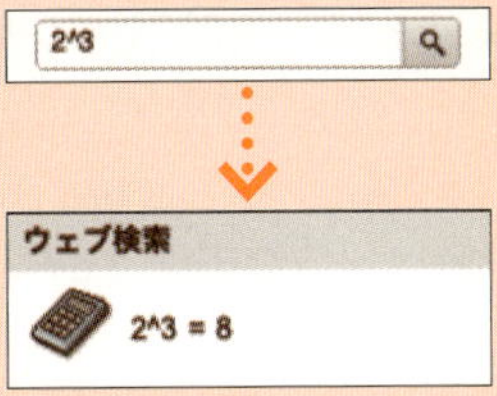

column　数学がもっと好きになる怜題

マイナス×マイナスはなぜプラスになるの?

日常生活に見るマイナス同士の乗算の考え方

マイナスをさらにマイナスで乗算しているのに、なぜプラスになるのか……。たとえば(−5)×(−8)=+40ですよね。これって日常生活に当てはめると、いったいどんなシチュエーションになるんでしょうね!?

たとえば時速80kmで走り続ける自動車を想像してみましょう。3時間後には「80Km×3時間=240Km」進んでいることは理解できます。では3時間前にはどの地点にいたでしょうか?

答えは「**80Km×(−3時間)=(−240Km)**」です。

ではここで、バックをしながら30Kmで走行している自動車を想像してみましょう。つまり、目的地から見て−30Kmで走行しているわけです。30Kmの速度でバックする自動車は、5時間後には「**(−30Km)×5時間=(−150Km)**」で、どんどんマイナスになっていきます。では30Kmのバックを続ける自動車は、5時間前にはどんな地点にいたでしょうか?　つまり「**(−30Km)×(−5時間)=+150Km**」となるわけです。マイナス×マイナス=プラスの理解は難しいですが、あるケースの逆を考えていくと、なんとなく理解できますね。

ところで、失恋したあとの時間は(−恋)×(時間)=マイナス思考ですが、次の恋をする前の時と考えれば、(−恋)×(−時間)=プラス思考です。深イイお話?

第6章

磨こう!
「数学」センス　スピード編

Q.23【速度】
風車の先端の速度はどれくらい? ……… 108

Q.24【出会い算】
14km離れた2人はいったいいつ出会えるの? ……… 112

Q.25【加速度】
50mのバンジージャンプ、最高速度はどれくらい? ……… 116

Column 数学がもっと好きになる怜題
光の速さでタイムトラベル!　相対性理論 初歩の初歩 ……… 120

Q.23 優雅に見える風車も実は高速!?

風車の先端の速度はどれくらい？

ゆっくりに見える風車の先端速度を求めましょう

風車といえばオランダが有名ですが、実は日本国内にも数多く風力発電は使われています。遠い存在のようで、実は身近で活用されている風車。とても優雅に羽根が回転しているように見えますが、実際はどのくらいの速度で回転しているのでしょう？　たとえば羽根の全長（直径）が26mだとして、1回転するのに3秒かかるとすると、いったい羽根の先端の時速はどれくらいなのかを計算してみましょう。

風を浴びながら
回る風車って
見ていて
癒されるわよね！

問題の整理

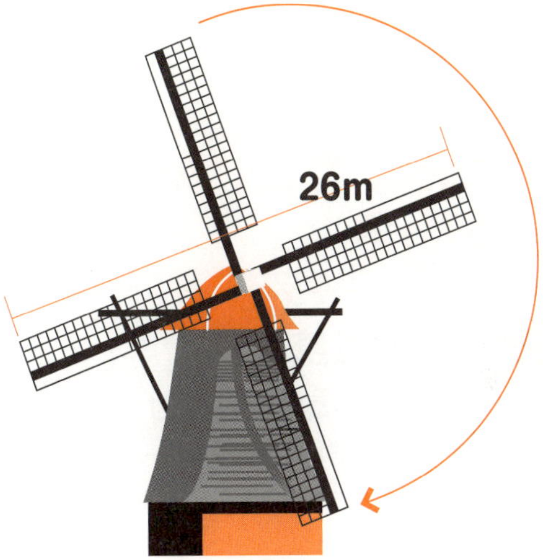

羽根の先端の速度はどのくらい？

わからない人のためのちょっとヒント

速度を求める計算は、小学校で習いましたよね。いわゆる「はじきの法則」です。「距離÷時間＝速さ」を使って、この問題を解いてみましょう。

.23（答え）

円周の距離、一回転の時間から速さを求める

実は高速回転している風車

速度とは、進む距離と時間がわかれば計算することが可能です。羽根の円周を距離として、羽根が1回転する時間を用いて、速度を求めるわけです。

「はじきの法則」とは、「距離÷時間＝速さ」という公式をわかりやすく図示したもので、速さ・時間・距離の頭文字を示しています。たとえば「は」と「じ」が隣り合わせになっているのは、速さ×時間＝距離、そして「き」と

「は」が分数の位置関係にあるので、「距離÷速さ=時間」となります。また、「き」と「じ」も分数の位置関係にあるので、「距離÷時間=速さ」というわけです。

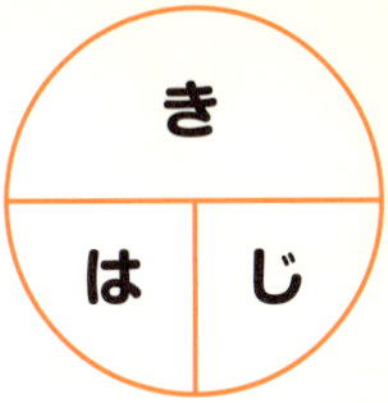

距離と時間、そして速さのいずれかふたつの数値がわかれば、残りのひとつを求められるわけです。
では風車の羽根の先端の速度を求めていきましょう。まず、羽根の直径は26mなので、半径は26÷2=13mとなります。円周を求める公式は2πrなので、

2×3.14×13=81.64m

ですね。これが距離です。1回転で3秒かかるということはわかっていますから、あとは「はじきの法則」にあてはめます。距離と時間がわかっているわけですから、「距離÷時間=速さ」で求めることが可能です。

81.64÷3=27.2（ここでは小数点第二位を切り捨てました）

ただ、これはあくまでもm/sec（毎秒、何メートル進むか）、つまり時速ではありません。自動車などで用いる時速とはKm/h、つまり1時間あたりに何Km進むかを示すものです。問題では、時速を求めるとありますので、秒速から時速に直してみましょう。

27.2×60×60÷1000=97.92Km/h

つまり、時速約98Kmで羽根の先端は回転しているわけです。なんと高速道路の本線車道の法定最高速度くらいに速いんですね!

実際の風車のなかには、もっと速く回転しているものも存在しているらしく、バードストライク（鳥が風車の羽根にぶつかってしまう事故）が問題になっているケースもあるとか……。優雅に見える風車も、鳥にとっては災難になってしまうこともあるんですね。

出会い算　**Mathematics** Quiz

Q.24

運命のランデブー!?
出会い算のお話

14km離れた2人はいったいいつ出会えるの?

近づいていく2人が、出会うまでの時間を計算

エコブームの波に乗ってか、ちまたでは自転車が大流行。休日にはのんびり自転車散歩を楽しんでいる方も多いのではないでしょうか。

たとえば、Aさんが14km離れた友人のBさんとサイクリングに行くとして、途中で合流するときに、2人はいつ出会えるのかしら?

Aさんはスポーツタイプの自転車で平均時速15km（分速250m）で走行。Bさんははタイヤのちっちゃな折りたたみ自転車で、平均時速9km（分速150m）でのんびり走行。14km離れた場所にいる2人が出会うのは何分後?

風を切って走る
サイクリングは
すっごく気持ちがいい
ですよね

問題の整理

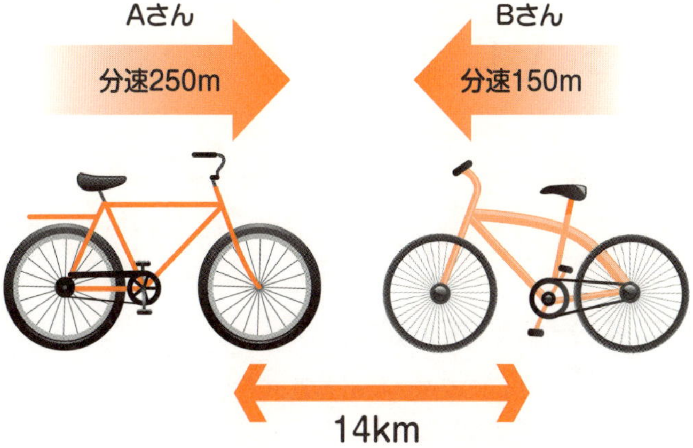

Aさんは分速250m、
Bさんは分速150mで進むとき
14km離れた2人が出会えるのは何分後?

わからない人のためのちょっとヒント

距離と速度、時間の関係は14ページの問題でも紹介した通りです。今回の問題のように2人の速度が違う場合はどうやって計算すればいいのでしょうか。

こんなときは2人が1分間に何mずつ近づくかを考えてみましょう。2人の速度を足してみれば、2人が1分間に近づく距離が見えてくるはずです。

.24（答え）

2人の速度を足してから距離を足した速度で割ってみましょう

意外と簡単。出会い算の法則

今回の問題のように「2つの物が、ある2つの地点から、ある速さで、向かい合って進む場合、何分後に出会うか」という問題は、算数では「出会い算」と呼ばれています。出会い算では以下の公式で出会うまでの時間を求めることができます。

出会うまでの時間＝2地点の距離÷速度の和

公式ではちょっとわかりにくいので、図にして考えてみましょう。公式のなかで注目したいのが「速度の和」。速度の和は一定の時間に2人が近づく距離と考えればいいですね。ここでは分速250mのAさんと、分速150mのBさんが1分間に近づく距離を考えてみましょう。

1分間に2人が近づく距離は

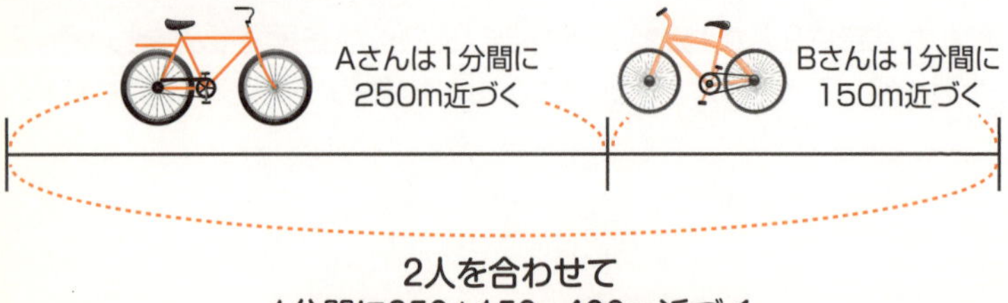

Aさんは1分間に
250m近づく
Bさんは1分間に
150m近づく
2人を合わせて
1分間に250＋150＝400m近づく

これでAさんとBさんは1分間に400mずつ近づいていくというのがわかりますね。あとは図のようにスタート時点の2人の距離を、1分間に近づく距離で割れば、何分後に出会えるのか計算できますね。

2地点の距離を1分間に近づく距離で割ると

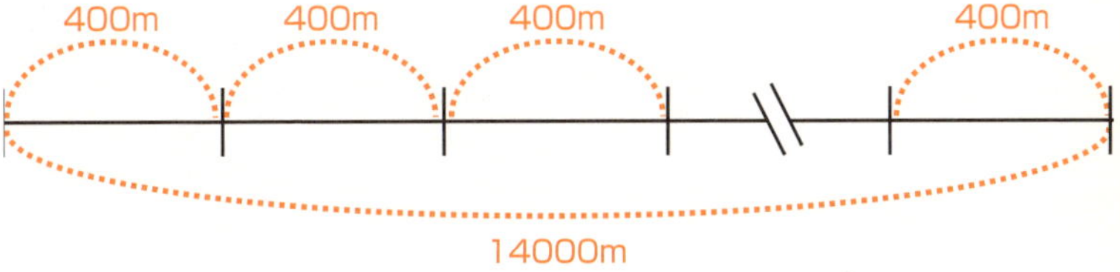

スタート時点の2人の距離は14km＝14000mだから、「14000÷400=35」の計算で、答えは「35分後」になります。出会い算はkmやm、時速や分速といった単位さえ間違えなければ、計算するのは意外と簡単。単位をそろえてから、2人の速度を足して距離で割るだけで計算できちゃうんです。

出会い算の公式を知っていれば、2人が出会うまでの時間を計算するのは簡単ですね。だけど、2人が恋人同士のときだけは話は別。早く逢いたいから2人とも急いじゃって、計算通りにはいかないわ。わたしも急いで会いに来てくれる人に、早く出会いたいなー!

Tea Time

2人の出会う地点を計算するには

ここでは出会い算の公式を使って、2人が出会うまでの時間を求めましたが、出会う地点を求めるのも簡単です。出会うまでにAさんは分速250mで35分走るわけですから、「250×35=8750」の計算で、出会うのはAさんが初めにいた場所から8.75kmの地点。また、Bさんは分速150mで35分走るので、「150×35=5250」でBさんが初めにいた場所から5.25kmの地点になります。2人がそれぞれ走った距離を足せば「8.75+5.25=14km」と、きちんとスタート時点の2人の距離になりますね。

Q25

どんな速度で落ちていく?
自由落下のお話

50mのバンジージャンプ、最高速度はどれくらい?

恐怖の罰ゲーム。その怖さはいかに

よくお笑い芸人さんが罰ゲームでやらされるバンジージャンプ。あんなに高いところから飛び降りるなんて…。高さの恐怖に加えて、すごいスピードで落ちていく姿は、テレビで見るだけでも怖いですね。あれって、一体どれくらいの速度で落ちてるのかなぁ。

たとえば、50mの強化ゴムロープを付けて飛び降りるバンジージャンプでは、最高速度はいくつになるのかしら?

昔から高いところは
大の苦手なんです……

問題の整理

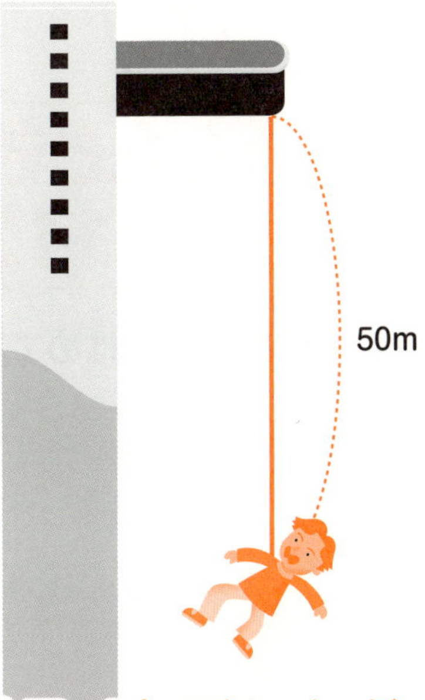

50mのゴムロープで飛ぶバンジージャンプの最高速度は時速何km?

わからない人のためのちょっとヒント

設問のように、地球の重力に引かれて物体が落ちていく運動は、物理では「自由落下」と呼びます。静止している状態から物体を落とすと、どんどん加速度が加わって速度が上がっていくのが特徴です。

今回の問題ではゴムロープが張り始める、50mまで落ちたときが最高速度になると考えて、その速度を計算してみましょう。自由落下の速度は「等加速度直線運動の公式」で求めることができます。

.25（答え）

50m自由落下したときの最高速度は時速約112.5km!

等加速度直線運動の公式に当てはめて計算

バンジージャンプでは、静止している状態から真下に向かって、途中までは地球の重力に引かれてぐんぐん速度を上げながら人が落ちていきますね。このように重力だけの影響を受けて、物体が落ちる運動が「自由落下」です。

また、「自由落下」のような、一定の割合で速度を増しながら、直線上を移動する運動を「等加速度直線運動」といいます。等加速度直線運動は以下の3つの公式で、速度や時間などを計算できるので、公式を使ってバンジージャンプで50m自由落下したときの最高速度を計算してみましょう。

等加速度直線運動の公式

$V = V_0 + at$

$x = V_0 t + \frac{1}{2}at^2$

$V^2 - V_0^2 = 2ax$

V_0=初速 m/s（メートル毎秒）

V=終速 m/s（メートル毎秒）

a=加速度 m/s^2（メートル毎秒毎秒）

t=時間 s（秒）

x=変位 m（メートル）

では、バンジージャンプで50m自由落下したときの最高速度を求めるために、まずは2番目の公式「$x = V_0 t + \frac{1}{2}at^2$」を使って50m地点に達するまでの時間を計算してみましょう。バンジージャンプは、初めは静止している状態なのでV_0（初速）は0（ゼロ）。x（変位）は到達地点の50mを当てはめます。また、自由落下の場合、加速度aは地球の重力によって引っ張られたときにかかる加速度「重力加速度」として約9.8m/s^2と定められています。この3つの値を2番目の公式に当てはめれば、50mに到達するまでの時間=tが求められます。

自由落下で50mに到達するまでの時間を計算

$$50=0t+\frac{1}{2}\times9.8t^2$$

$$t^2=\frac{100}{9.8}$$

$$t=\sqrt{\frac{100}{9.8}} \qquad t=\text{約}3.19\text{秒}$$

50mに到達するまでの時間が計算できれば、そのときの速度=終速Vは1番目の公式「$V=V_0+at$」で求めることができます。ここでもV_0=0、a=9.8を当てはめて、時間tに先ほどの計算で求めた3.19を当てはめます。

終速を計算
$V=0+9.8\times3.19=31.262$m/s

これで、50mのバンジージャンプの最高速度は毎秒31.262m、時速に直すと「31.262×60×60÷1000」で、なんと時速約112.5kmにもなるんです。ただし、この計算では空気抵抗などほかの要因は考慮されていないので、実際にはもう少しは遅くなるでしょうね。

うわっ!　50mのバンジージャンプでは最高速度が時速100kmを超えてしまうのね。生身の体で時速100kmなんて……いくら衝撃をやわらげる丈夫なゴムロープがついていても怖すぎるぅ。外国には200mを超える高さのバンジージャンプもあるんですって。いったい最高速度はどれくらいになるのかしら。あー、計算するのも怖いわー。

column 数学がもっと好きになる怜題

光の速さでタイムトラベル！ 相対性理論 初歩の初歩

タイムトラベルは実際には可能？

SF映画では過去や未来に行き来するタイムトラベルを題材に扱った作品がいっぱいあるけれど、実際には可能かしら？　そんな疑問に答えてくれるのが、アインシュタインの「相対性理論」。相対性理論では、光の速さはどんな条件や状態でも変わらないって説いています。けれど、光速に近い速度で飛ぶロケットの中では光の速さはどうなるのかしら。普通に考えれば、同じような速度で走る隣の車がこちらの車からはゆっくり走って見えるように、光速に近いロケットの中では光はゆっくり進んで見えるって思うんだけど、実際には光の速さは変わりません。これってちょっと不自然よね。そこで、アインシュタインは「ロケットの中では時間がゆっくり流れるとすれば、ロケットの中でも光の速度は変わらない」って考えたの。

この考えをもとにすれば、タイムトラベルも可能になりそうね。

ロケットの中の時間の遅れは、

$$\sqrt{1-\left(\frac{V}{C}\right)^2}$$

V=ロケットの速度　C=光の速度

って、式で表せるのですが、ロケットの速度vに光の速度cを当てはめれば、答えは「0」。なんと光の速度で進むロケットの中では時間はまったく進まないことになるんです。つまり、地球上でいくら月日が経っても、光速で進むロケットのなかでは時間は止まったまま。地球に帰ったロケットの中の人は一瞬で未来へタイムスリップしちゃうってわけね。

第7章

磨こう！「数学」センス トンチ・雑学編

Q.26【曜日】
今年の誕生日は月曜日。では来年の誕生日は何曜日？……122

Q.27【n進法】
1から100まで部屋番号のあるマンションで4・8・9の数字を使わないとき全体の部屋数は？……126

Q.28【倍数】
複数の商品を買った際のおつりが合っているかを確かめる方法は？……130

Q.29【高さ】
10階建てのマンションはどれくらいの高さ？……134

Q.30【パズル】
マッチ棒で作った四角を横につなげて四角が20個になったときの総本数は？……138

Q.31【三角関数】
勾配が30度の山道を時速2kmで30分まっすぐ進んだときの高さは？……142

Q.32【順列・組み合わせ】
6種類のケーキから3つだけを選ぶ組み合わせは何通り？……146

Q.33【順列・組み合わせ】
ある地点までたどり着くのは何通りの道筋ある？……150

Q.34【展開】
104×96を暗算で計算できる？……154

Q.35【地震】
マグニチュードが1違ったらエネルギーは何倍になる？……158

Q.36【面積】
図形の並び方を変えただけなのに面積が増えたのはなぜ!?……162

Q.37【平均値】
毎日変化する体重の平均値を簡単に求めるには？……166

Column 数学がもっと好きになる怜題
数学者が残した名言集……170

Q.26 カレンダーを見なくても曜日がわかる

今年の誕生日は月曜日。では来年の誕生日は何曜日？

曜日とカレンダーの関係性に注目

誕生日は、「みんなでワイワイとパーティを開きたい」と思うのは皆さんが思うことですよね？　せっかくなので誕生日は土日の休日であってほしいものです。2011年の私の誕生日（2月28日）は月曜日だったけれども、来年の誕生日はいったい何曜日かな？　来年の誕生日の曜日がすぐにわかる方法ってないかしら？

問題の整理

普通のカレンダーには、1年分しか載ってないので確認できません。

1年後の私の誕生日2月28日は何曜日になるでしょう?

わからない人のためのちょっとヒント

1年の日数が365日という点と、1週間は7日であるという点に注目してみましょう。つまり、7日後は同じ月曜日となり、さらに14日後も。そして1年後ということは、365日後となるわけですから……。

※うるう年は除く

.26（答え）

365日を7で割った余りに注目しよう

日付を7で割った余りでわかる

1日が月曜日ならば
余りが0・・・・日曜日
余りが1・・・・月曜日
余りが2・・・・火曜日
余りが3・・・・水曜日
余りが4・・・・木曜日
余りが5・・・・金曜日
余りが6・・・・土曜日

日	月	火	水	木	金	土
	1	2	3	4	5	6
7	8	9	10	11	12	13
14	15	16	17	18	19	20
21	22	23	24	25	26	27
28	29	30	31			
↑	↑	↑	↑	↑	↑	↑
余り 0	1	2	3	4	5	6

1週間をあらわす曜日は、常に月～日という7日間を正確に繰り返します。そのため、1日が月曜日ならば、7日後の8日も、14日後の15日も月曜日となります。この関係性を、日にちを7で分った際の余りに注目してみてみると、1（日）÷7=0余り1、8（日）÷7=1余り1、15（日）÷7=2余り1となります。つまり、曜日が同じ場合、余りの数が同じということがわかるはずです。

そこで、1年後に注目してみます。2011年はうるう年ではないので、2012年の2月28日は、2011年2月28日の365日後になります。この365日を7で割ってみましょう。

365÷7=52余り1

となります。

2011年2月28日の7日後、14日後という余りがでない日数のときは、もとと同じ月曜日です。365日後の場合、余りが1出るということは、月曜日の1日後、2012年2月28日は火曜日となります。

カレンダーがないときに曜日を考えるのは、これまで紹介したように、日を7で割ればいいのですが、考え方は二通り存在します。ひとつは、何日後かをグループわけして、考える方法。7日後・14日後・21日後という括りで考えます。ふたつめは、日付をグループ分けして考える方法。1日・8日・15日という括りで考えます。

いずれの方法も、計算式自体は、7で割った余りによって、答えを導き出す点に変わりはありません。自分の考えやすい方法を利用しましょう。

ところで私の来年の誕生日は火曜日……。とっても忙しい曜日だけれども、マネージャーさん！　どうかお休みにして～！

Tea Time

2011年の1月1日は土曜日でした。では、5月1日は何曜日でしょう？

それぞれの月日数を7で割って、余りを足していくことで答えを導き出します。つまり、1月は31日までありますので、31÷7=4余り3となり、2月1日は土曜日の3日後の火曜日となります。同様に計算すると、2月は28日までなので余りはゼロ。3月は31までなので余りは3。4月は30日までなので、余りは2。ここまでに出てきた余りの数を全部たすと3+0+3+2=8となります。つまり5月1日は、土曜日の8日後です。8を7で割った余りは1となりますので、土曜日の1日後となる日曜日が答えとなります。

Q.27 使わない数字を省いた合計

1から100まで部屋番号のあるマンションで4・8・9の数字を使わないとき全体の部屋数は？

曜日とカレンダーの関係性に注目

先日、仕事で取材した新築マンションがすごいステキで、気になっています。管理がしっかりしているし、立地も抜群。引っ越すなら、ココにしたいと思っているのだけど、すでに80件ぐらい申し込みがきているみたい。部屋番号は、100までなのだけど、四苦八苦にちなんだ、4・8・9の3つの数字が入る番号は使っていないとのこと。あれれ、これじゃ、実際には100部屋ないってことですよね？　本当の部屋数は、いくつなのかしら？　今からでも間に合うのであれば、申し込みたいんだけど……無理かな〜。

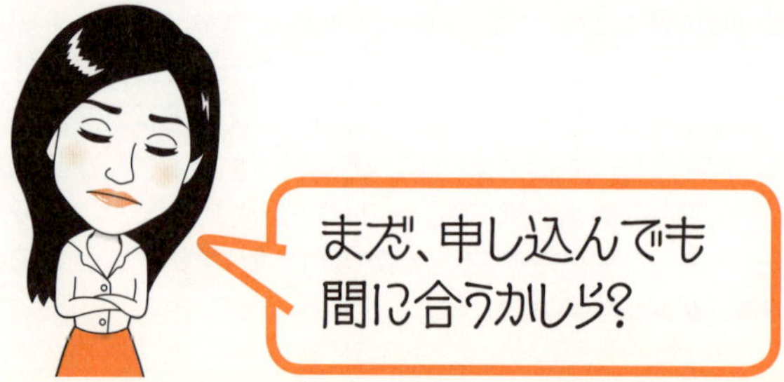

まだ、申し込んでも
間に合うかしら？

問題の整理

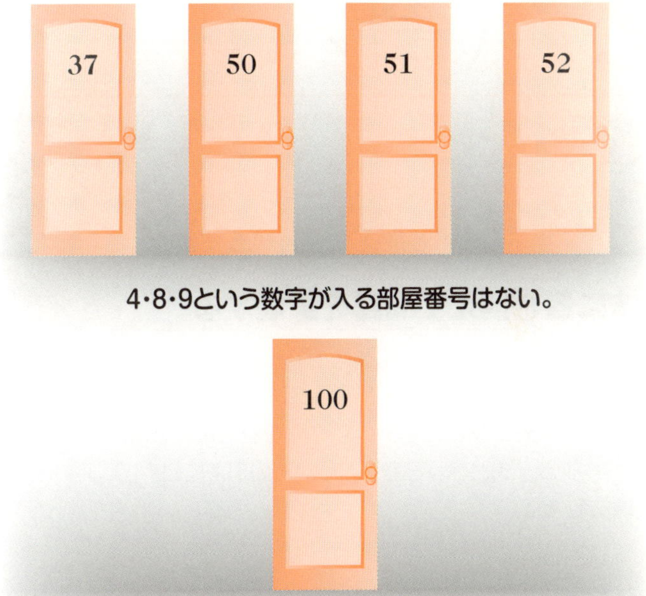

部屋番号が1～100のときの全部の部屋数は？

わからない人のためのちょっとヒント

使っていない数字に注目してみましょう。ここでは、4と8と9という3つの数字。数字は全部で10種類あって、そのうちの3つが使われていないと整理してみます。あとは、N進法に当てはめて考えてみれば答えが見えてくるはず。

.27（答え）

3数字を使っていないので100を7進法に置き換えよう

N進法に置き換えて問題を整理する

現在使われている数字の表記は、10進法に基づいています。10進法とは、ひとつの位ごとに10の数字を使う方法で、10ずつで位がひとつ上がります。これに対し、コンピュータなどで使われるので2進法です。これは、2ずつ位があがる方式となっており、10進法の1は1、2は10、3は11というふうに表現されます。

N進法とは

・10進法では0〜9の10個の数字を使い10ずつで上の位に上がります。

・2進法では、0、1のふたつの数字を使い2ずつで上の位に上がります。

2進法	0	1	10	11	100	101	110
10進法	0	1	2	3	4	5	6

・3進法では、0、1、2の3つの数字を使い3ずつで上の位に上がります。

3進法	0	1	2	10	11	12	20
10進法	0	1	2	3	4	5	6

設問では、100までの数字のうちに、4と8と9を使っていない、とあります。つまり0〜9という10個の数字のうち3つの数字を使っていない状態です。そこで、100までの数字を10進法ではなく、7進法を使って考えてみます。

ここで、ポイントとなるのがN進法の表記時の数字の法則です。たとえば、10進法の10は10の一乗という意味です。それに対し、2進法の10は10進法に直すと2なので、2の一乗となります。同様に考えていくと、10進法の100は10^2となり、2進法の100は10進法に直すと4なので2^2となります。つまり、N進法では、10進法におけるx乗は、Nにおいてもx乗となるのです。

10進法の数字を
N進法の乗数で置き換える

	10進法	2進法	7進法
10	10	2	7
100	10^2	2^2	7^2
1000	10^3	2^3	7^3

ここまでわかれば、あとは数字を置き換えるだけです。7進法で考えてみると、100は7^2となります。7^2はそのまま7×7となるので、設問の答えは49室となりました。逆になにかスゴい数字ですねー。

ただし、実際のマンションは通常、その階の部屋番号が下二桁、階の番号がその上の三、四桁などで表示。やはり販売会社さんに問い合わせるのが一番ですね。

Tea Time

コンピュータで2進法が使われる理由

コンピュータでの内部計算処理は、10進法ではなく2進法が採用されています。この理由は、各機器が表現する状態を2種類のみに限定できるためです。2種類の状態ならば、回路のONとOFFだけで表現が可能になるというわけです。逆に、10進法を用いようとすると、ONとOFF以外に8つの状態を表現する必要が出てきます。これでは、各装置に余計な負荷を与えることになったり、装置自体を巨大化させることにもつながるので、効率が下がってしまうのです。

Q.28 おつりが合っているかをすばやく計算

複数の商品を買った際のおつりが合っているかを確かめる方法は?

合計を計算しなくても確かめられる

ドラッグストアって、お薬だけじゃなくコスメグッズとかもあってすっごく便利。とくに欲しいものがあるわけでもないけど、ふらっと入ってしまう人も多いのではないでしょうか。

そんなドラッグストアで、消費税込みで390円のダイエット食品と、2636円の化粧品を購入したとします。レジにて5000円札で払ったら、おつりが1874円。一の位は合っているから、普通に受け取ったんだけど、よく考えるとお釣りの金額が違う気が……。ちゃんと合計して計算すれば、わかることなんだけど、簡単におつりが合っているか調べる方法はないかしら?

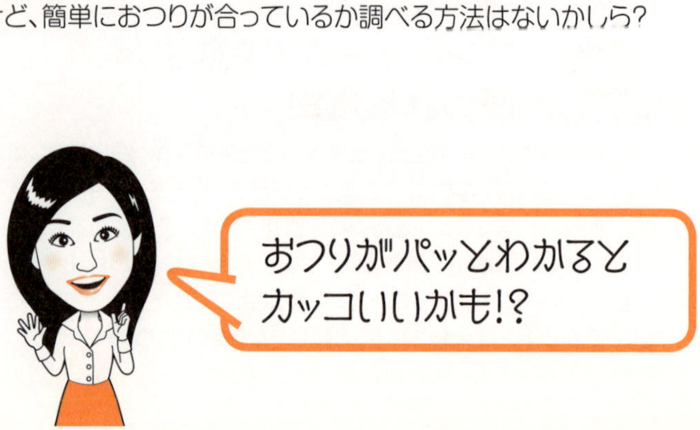

おつりがパッとわかると
カッコいいかも!?

問題の整理

390円の
ダイエット食品

＋

2636円の
化粧品

2つの商品を購入しました

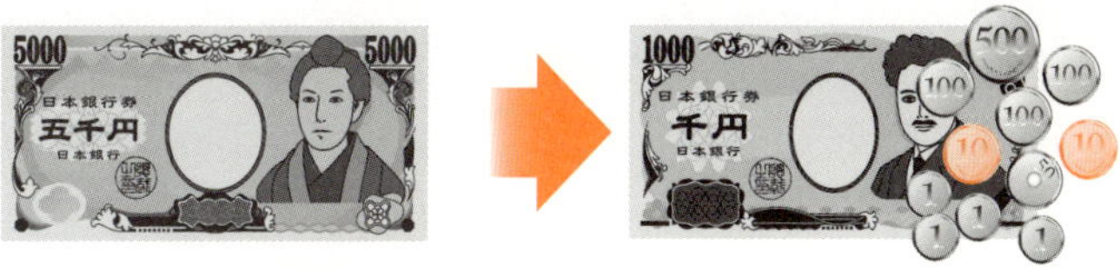

5000円札で払ったら、
おつり1874円でした。
このおつりは本当に合っている？

わからない人のためのちょっとヒント

9の倍数の性質を使えば、二桁の計算でおつりと支払った金額が合っているかがわかります。四桁の計算をするより、簡単に答えが導き出せるはずです。

.28（答え）

すべての数字を足して9で割ってみよう

9の倍数と各位の和に注目

おつりを導く計算を暗算で行なう際、今回のように四桁の数字を扱うとなると混乱したり時間がかかります。そこで紹介するのが、計算する内容を二桁の計算まで簡略化するテクニックです。一桁や二桁の計算ならば、間違いも減りますし、計算速度も上がるはずです。

ここで利用するのは、9の倍数に関する性質です。整数における各位の数字を足したものが9の倍数のとき、もととなる数字は9の倍数になります（79ページ参照）。たとえば、7587という数字で確かめてみると、各位の数字の和ですので、7+5+8+7=27となり9の倍数になります。このとき、7587÷9=843となり9の倍数であることがわかります。

さらに、各位の数字を足したものを9で割った際の余りの数は、もととなる数字を9で割った際の余りと同じなります。

9の倍数の性質

- 各位の数字の和が9の倍数ならば、もとの数字も9の倍数となる
- 各位の数字の和を9で割った際の余りは、もとの数字を9で割った際の余りと等しい

この性質を利用することで答えを導き出します。つまり、本来の商品金額の合計額と、支払った5000円からおつりを引いた額、というふたつの計算式において、9の倍数の性質を利用した際に余りが同じでないと、おつりの計算は正しくないということになります。

では具体的に計算してみましょう。

まずは商品の正しい合計金額に注目します。390円は(3+9+0)=12となり、9で割った余りは3です。2636円は(2+6+3+6)=17となり、余りは8です。ここでは、合計金額となるので、余り同士を足した11をさらに9で割り余り2という答えが導き出されます。

続いて、実際の支払いに関する計算を行ないます。上記の合計金額と等しくなるはずなので計算式としては5000円−1874円における余りが2にならなければ、おつりは間違いというわけです。5000円は(5+0+0+0)=5となり、9で割った余りは5です。1874円は(1+8+7+4)=20となり、余りは2です。最初の計算式に戻すと5−2ですので、余りは3となります。

各位の和を9で割る

正しい合計金額

390 ＋ 2636
↓ ↓
12…余り3 17…余り8

3+8=11➡ **余り2**

実際の支払い

5000 − 1874(おつり)
↓ ↓
5…余り5 20…余り2

5−2=3➡ **余り3**

正しい合計金額の余りは2なのに、実際の支払いの余りは3。つまり、おつりが間違っていたわけです。今回は、少し損することになってしまいました。あーん、もっと早くこの方法に気づいておけばよかったです。

Tea Time

1万円札を使ったときのおつりの計算方法もチェック

上記では5000円札を支払ったときのおつりの計算方法をチェックしましたが、1万円札を使って、お釣りが6874円という場合は、最後の考え方が少し変わってきます。基本的には10000円−6874円の余りを求めることになるのですが、計算すると10000円の余りは1、6874円の余りは7となります。さらに、1−7となるので、余りは−6という負の数字になります。余りが負の数字の場合には、正の数字に戻す必要がでてきます。9で割った際の余りが−6ですので、9−6を行なえばいいだけです。答えの3が余りの数字となります。

Q.29 高さ

建物の高さを概算する

10階建てのマンションはどれくらいの高さ?

周囲のマンションの高さを求めるには?

近所に20階建ての立派なマンションが建てられました。とてもステキなマンションで、見上げると天を突くような高さです。きっと屋上からの眺めもステキなんだろうな~。

さてこのマンション。と~っても高くそびえていることは分かるんですが、地上何メートルくらいの高さなのでしょうか?

夜景を見ながら
一日の疲れを
癒したいわ~。

問題の整理

高くそびえ立つマンションはいったい何メートルくらいの高さ?

わからない人のためのちょっとヒント

マンションの1階ごとの高さは一定ですよね。1階層分のおおむねの高ささえ知っていれば、とてもカンタンに算出できてしまうのです。今日から役立つ雑学として、ぜひ覚えておきましょう。

.29(答え)

マンションの一階分の高さはおおむね3m。あとは階数を掛ければOK

建物の種類によって階ごとの高さはほぼ同じ

日本で建てられている建物の高さは、建物の種類ごとに階ごとの高さがほぼ同じになっています。一般的に、人の住居に使われるマンションの場合、階ごとの高さは約3mです。 今回の問題では、20階建てのマンションなので、3×20=60よりマンションの高さは60mと導き出されます。

それに対し、ビルやホテルの場合は、階ごとの高さが約4mとなります。さらに、ホテルの場合には、1階部分のロビーは約6～8mとほかの階より大きいことが多いです。

たとえば10階建てのホテルで、一階のロビーの高さが8m程度のホテルがあったとしましょう。すると、「一階の高さ+階ごとの高さ×一階を除いた階数」ですので、8+4×9=44より、ホテルの高さは44mとなります。

階ごとの高さは建物ごとにほとんど同じ

マンションは一階あたり3m
ビル・ホテルは一階あたり4m

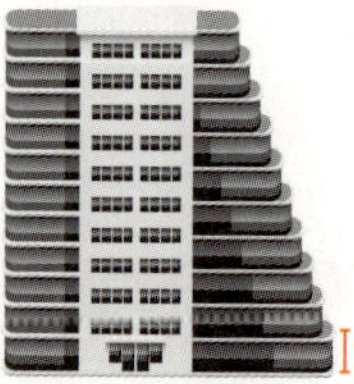

高さ=20(階)×3(m)=60m

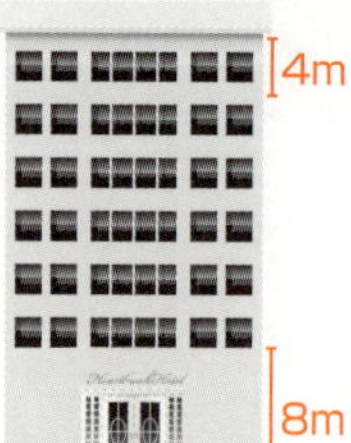

高さ=
ロビーの高さ8(m)+9(階)×4(m)=44m

窓がある建物ならば、建物の種類により簡単に高さがわかりますが、話題のスカイツリーや、東京タワーなどの施設は計算することが困難です。そこで紹介するのが、定規を使った計測方法です。三角形の相似比の考え方を利用することで、対象の高さをはかることができます。

対象となる建物を正面に見たら、片手で定規を垂直に持ち、腕をまっすぐにのばします。このとき、D（建物までの距離）、h（定規上で測った建物の高さ）、d（腕を伸ばした長さ）をメモします。あとは、それぞれの数値を公式となる、**高さ$=\frac{Dh}{d}$**に当てはめればOKです。遠くの建物も、建物全体の姿さえ見えていれば、定規一本で高さをもとめられます。なお、建物までの距離は、インターネットの地図サイトなどを利用して調べてみましょう。

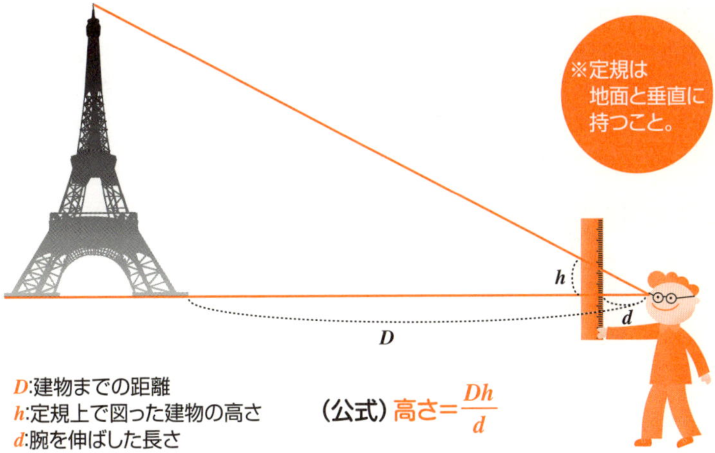

D:建物までの距離
h:定規上で図った建物の高さ
d:腕を伸ばした長さ

（公式）高さ$=\frac{Dh}{d}$

これで、どんな建物の高さも瞬時に調べられるようになります。でも、東京の場合、建物の全体が見渡せる場所って限られているんですよね。便利な世の中だけど、ちょっぴり哀愁を感じちゃいます。

問題を数式に置き換える

マッチ棒で作った四角を横につなげて四角が20個になったときの総本数は?

マッチ棒の総本数を計算で求める

マッチ棒を使ったパズルって、誰でも一度はやったことがあるのではないでしょうか。ここでは、頭の回転を確かめるために、簡単な数学パズルを用意してみました。まずは、4本のマッチ棒で四角を作ります。この四角の横にどんどんマッチ棒をつなげて同じように四角を作った際、四角が20個になったときのマッチ棒の総本数はいくらでしょうか?

問題の整理

マッチ棒4本で
正方形を作ります

横に同じようにつなげて四角を
20個作ったとき
必要になるマッチの総本数は?

わからない人のためのちょっとヒント

四角をひとつ増やすのに必要なマッチの本数に注目してみましょう。

.30（答え）

四角をひとつ増やすのに必要な数をもとの数と足しましょう

もとの数と増やす数を別に考える

マッチ棒を実際に並べたとき、四角をひとつ増やすのに必要な本数は上下と片方の横のあわせて3本となります。この本数は、いくら四角が増えても変わりません。

さらに、もととなる四角のみ4本使っています。

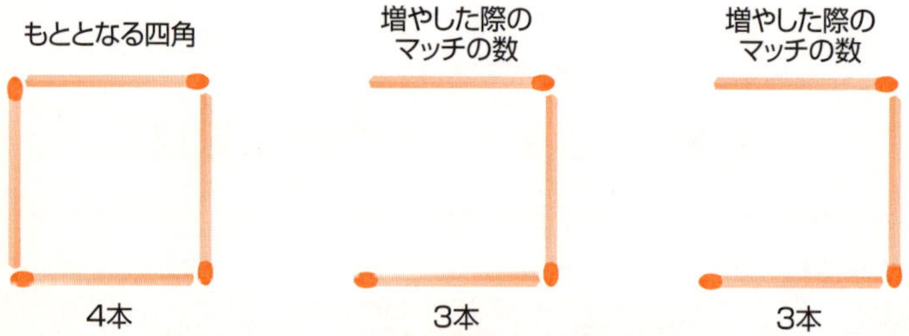

四角をひとつふやすたびに必要なマッチの数は「3本」となる。

このふたつの条件を使って、式を立ててみましょう。全部でn個の四角を作るとしたとき、必要なマッチの本数は

もととなるマッチ棒＋四角ごとに増えるマッチ×（n−もととなる四角の数）

です。各項目を数字に置き換えると

$4+3\times(n-1)$　　となります。

あとは、この式を計算していきます。

$4+3\times(n-1)=4+3n-3=3n+1$

問題では、四角の数は、20個ですので、nに20を代入します。

$3\times 20+1=61$

四角を20個作るのに必要なマッチ棒の数は61本となります。
カンタンに答えが導き出せた人は、頭の回転が速いです！

Tea Time

上下が5本ずつ、左右が3本ずつのマッチで作った長方形を横につなげた際長方形を5つ作るのに必要な本数は？

上下が5本左右が3本の長方形
横につなげて5個の長方形を作る。

長方形をひとつ増やすのに
必要なマッチの数は13本

それでは応用問題にチャレンジしてみましょう。基本的な解き方は先ほどと同じです。まず、基本となる長方形に作るのに必要なマッチの数が、5＋5＋3＋3で16です。ひとつ四角を増やすために必要な本数は、横につなげていくので、横一辺を構成する3本が不要となり、16－3で13本となります。

あとは、ふたつの数字を使って、数式に当てはめます。n個の四角を作るとした際に必要となるマッチの本数は
$16+13(n-1)$
です。計算をしていくと$16+13n-13=13n+3$となり、nに5を代入した$13\times 5+3=68$が導き出されます。つまり、必要なマッチの本数は68本というのが答えです。

Q.31 三角関数の公式を使いこなす

勾配が30度の山道を時速2kmで30分まっすぐ進んだときの高さは?

*sin*を使って高さを求める

健康のことはいつでも気にしていたいですよね。ジョギングやウォーキングなど運動するように心がけている人は多いんじゃないかな。そうした運動の一環で、山登りも人気があるそうですね。ここでは山登りで歩いた距離を考えてみましょう。

登山中の勾配は30度で、歩くスピードが時速2kmだとすると、何mぐらい登ったことになるでしょうか?

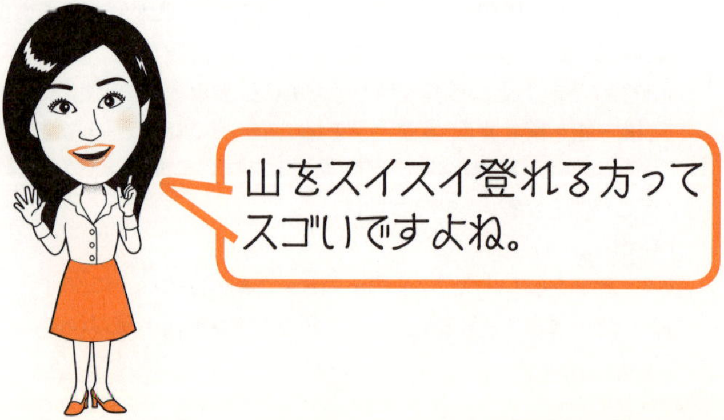

山をスイスイ登れる方ってスゴいですよね。

問題の整理

**30度の勾配を
時速2kmで30分歩いたとき
登った高さは何m?**

わからない人のためのちょっとヒント

歩いた距離を求めるなら、勾配の角度に注目して三角関数を使ってみましょう。*sin*の公式を思い出せれば答えは出たも同然です。

.31（答え）

三角関数のsinを使って距離を求めましょう

三角関数を利用して高さを求める

はじめに、登った坂道を真横から見た状態を思い描いてみましょう。ここでは、登った道はすべて直線となりますので、斜辺部分が単純に進んだ距離となります。さらに、高さは水平より垂直に伸びる線となりますから、直角三角形の図に変形できます。

山道を横から見て、直角三角形に置き換える

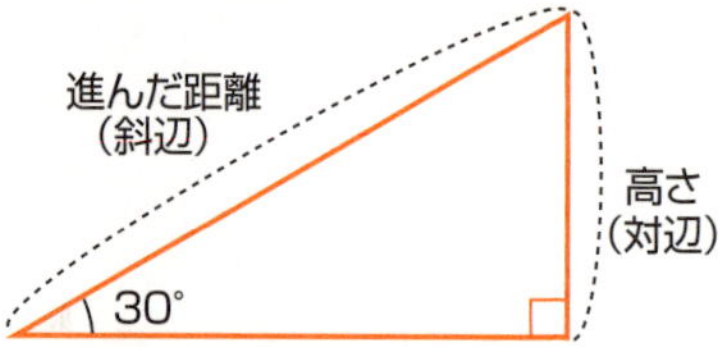

この直角三角形で分かっているのは、勾配の角度と斜辺部分の距離です。つまり、このふたつを使って、高さを導き出せばよいのです。ポイントなのは、この三角形が直角三角形であるという点。直角三角形ならば三角関数を使うことで求めることが可能になります。

三角関数の公式

$$sinN° = \frac{対辺}{斜辺}$$

を使い問題を解く

高さを求めるのに利用するのは、$sinN° = \frac{対辺}{斜辺}$ という公式です。問題におきかえると、$N°$が勾配、対辺が登った高さ、斜辺が進んだ距離です。このうちのふたつはわかっているので、答えは方程式で導き出せます。

まずは斜辺の長さです。時速2キロメートルで30分進んだので、

$2\times\frac{30}{60}=2\times0.5$となり斜辺は1kmです。問題はmで答えるので、kmをmに変換しておきましょう。つまり1000mが斜辺となります。

基本的な三角比

	30°	45°	60°
sin	$\frac{1}{2}$	$\frac{1}{\sqrt{2}}$	$\frac{\sqrt{3}}{2}$
cos	$\frac{\sqrt{3}}{2}$	$\frac{1}{\sqrt{2}}$	$\frac{1}{2}$
tan	$\frac{1}{\sqrt{3}}$	1	$\sqrt{3}$

続いて、***sinN***°です。ここには勾配の角度をそのまま当てはめればOKです。勾配30°ですので***sin***30°です。***sin***30°は分数に直すと$\frac{1}{2}$となります。なお、30°、45°、60°における***sin***、***cos***、***tan***は、数学の教科書などでも、ほぼ暗記項目として出てくるので覚えておくといいでしょう。

続いて、公式に当てはめてみます。求める対辺を***x***とすると

$$\frac{1}{2}=\frac{x}{1000}$$

$$x=1000\times\frac{1}{2}$$

実際に登った高さは500mとなりました。30分歩いて500mしか登っていないとは、山の厳しさを感じますね。

Tea Time

「*cos*」や「*tan*」も利用してみる

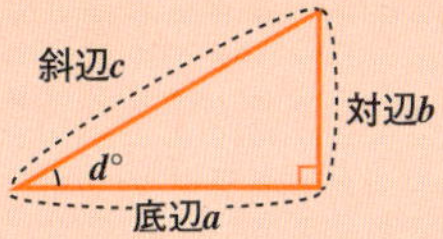

$$\sin d°=\frac{b}{c}\quad \cos d°=\frac{a}{c}\quad \tan d°=\frac{b}{a}$$

ここでは、*sin*を利用した対辺の求め方を説明しましたが、三角比の値とひとつの辺の長さがわかって入れば、*cos*や*tan*を使うことでもうひとつの辺の長さを求めることができます。状況に合わせて、使っていきましょう。

Q.32 組み合わせ方法を考える

6種類のケーキから3つだけを選ぶ組み合わせは何通り?

組み合わせ方を導き出そう

ケーキやアイスといった甘いものが好きな女性は多いでしょう。スイーツ特集の雑誌を見ると、わくわくしますよね。ケーキ屋さんに行って、新作が出ていたら全部ほしくなっちゃう! ということがあると思いますが、さすがに全部買うわけにはいかないかなあ……。そこで、たとえば6種類の新作ケーキの中から3つを購入した場合、この組み合わせって、何通りぐらいあるのでしょう?

ケーキって、
つい食べ過ぎ
ちゃうのよね……

問題の整理

6種類のケーキから
3種類を選んだ時の組み合わせ方は
何通り？

わからない人のためのちょっとヒント

ケーキにそれぞれ1～6という数字を振ってみて、組み合わせ方を実際に書き出してみましょう。

.32（答え）

樹形図を作成すれば組み合わせは一目瞭然

組み合わせ方を書き出してみる

組み合わせ方法を考えるだけですから、6個くらいなら樹形図などを使って実際に書き出してみると答えはすぐに出てきます。まずは、わかりやすいようにケーキにそれぞれ「1～6」の番号を振り分けます。

最初に、1を使った組み合わせから考えてみましょう。1-2-3さらに1-2-4、1-2-5、1-2-6、と数字の順番に当てはめていくのがポイントです。同じように1-3-4、1-3-5、1-3-6と加えていくと、右の図でもわかるように1が入る組み合わせは10通りです。

続いて、2を使った組み合わせを考えます。求めるのは2が入りながら1を使わない組み合わせとなるので、2-3-4、2-3-5、2-3-6という風に考えていきます。最後まで書いてみると右の図より全部で6種類となります。

■ケーキに番号を振る

■組み合わせを樹形図で書き出す

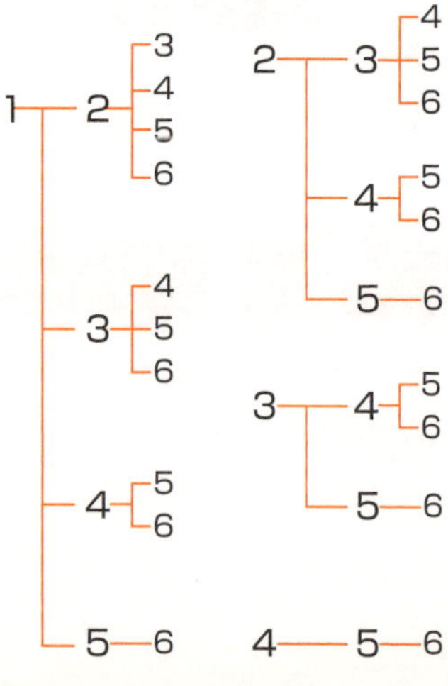

同様に3の場合は、3を使っていながら1と2が入らない組み合わせとなり3種類。4の場合は、4を使っていながら、1と2と3が入らない組み合わせとなり1種類です。5と6については、3つ以上の組み合わせを作ることができないので無視してしまいます。

これですべての組み合わせを樹形図で書くことができたはずです。あとは、それぞれの数を足すだけです。10+6+3+1となり答えは20通りと導き出せます。

今回は、6種類からの組み合わせを求める問題でしたので、樹形図で書き出すことで対応できましたが、数が増えてくると書き出すのは困難になってきます。しかし、組み合わせの数は確率の公式を使って求めることが可能です。個数が多くて、樹形図に書き出しにくいときには、順列・組み合わせの公式を使う方がよいでしょう。

今回の問題は、「**n**個から**r**個を選ぶ組み合わせ」となり、そのとき**r**個の順番は限定されないとなります。このような組み合わせは公式に直すと$_nC_r$と書きます。つまり問題文に置き換えると$_6C_3$となるわけです。それでは、実際に計算する方法を見ていきましょう。

順列の公式

$$_nP_r = n\times(n-1)\times(n-2)\cdots\cdots\times(n-(r-1))$$

組み合わせの公式

$$_nC_r = \frac{_nP_r}{r!} = \frac{_nP_r}{r\times(r-1)\times\cdots\cdots\times1}$$

答えは、20となり、組み合わせを書き出した場合と同じになるのが確認できました。少し、複雑に思えるかもしれませんが、これは公式ですので、覚えておけば誰でも簡単に利用できますよ。

Q.33 気分を変えて ほかの道を歩こう

ある地点までたどり着くのは何通りの道筋がある?

道順の数を導き出す

網の目のように道がはりめぐっている場合、どの道を選んで行けばいいのか、迷ってしまいますよね。最近では携帯電話などで地図を簡単に参照できるようになりましたが、最短の道順がいくつもあって、どこを通っていけばいいのやら……。

たとえばAさんがBさん宅にたどり着くためには、右に2区画、上に4区画のブロック（右ページ図参照）がある場合、いったい何通りの道順が考えられるでしょうか?

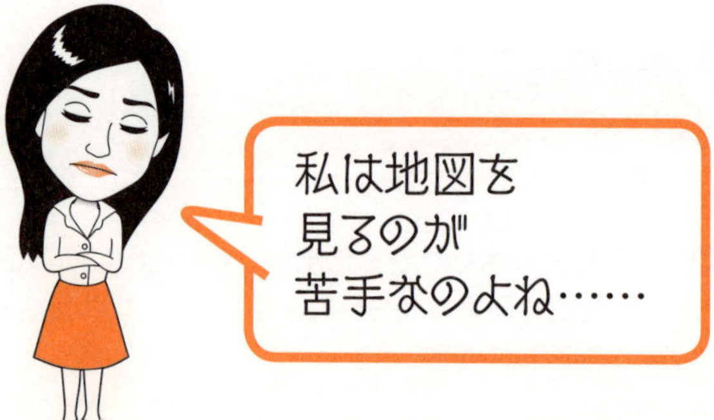

問題の整理

道順はいったい何通り?

わからない人のためのちょっとヒント

前の問題で組み合わせの公式を紹介しましたよね。道順の組み合わせがいくつなのかを導き出せばいいのです。

.33（答え）

6個の道順を選択するので組み合わせを考えればよい

右をx、上をyに置き換えて考える

ここで紹介した道順の問題も、考え方としては32問で紹介した「組み合わせ」の問題と同じになります。右に1区画進むのをx、上に1区画進むのをyと考えてみましょう。

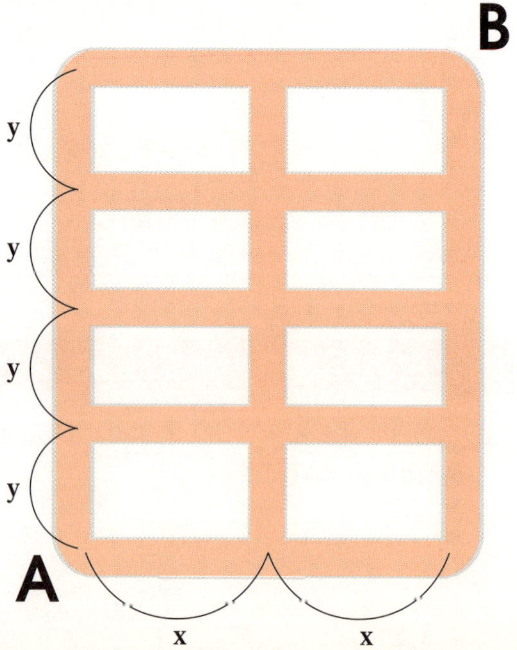

道順は最短で進むことが前提（左や下に行くことはない）なので、6区画を通ることになります。つまり、

xxyyyy

xyxyyy

・

・

・

yyyxyx

yyyyxx

までが存在することになりますね。また、ここではふたつの***x***がどこに入るかの組み合わせを考えるわけですから、$_6C_2$という公式が成り立ちます。これを計算すると、

(6×5)／(2×1)＝15

となります。

一方、ふたつの***x***がどこに入るかの組み合わせとして考えるのではなく、4つの***y***がどこに入るのかの組み合わせと考えることもできます。その場合は$_6C_4$となり、

(6×5×4×3)／(4×3×2×1)＝15

という答えになります。つまり、どちらの組み合わせで考えても計算は一緒なのです。それならば少ない組み合わせの***x***で考えた方が簡単ですよね。

この程度の区画数でも15通りも道順があるなんて、なんだか驚いてしまいます。明日からの通勤・通学は、違う道順を歩いてみるのも気分が変わっていいですね！

暗算力を鍛える

104×96を暗算で計算できる?

単純に解くのではなく数式を工夫して考える

中学校の数学の授業で習う展開の公式や因数分解は、実生活ではなかなか使う機会がないですよね。でもせっかく覚えた公式ですから、忘れてしまうのはもったいないです。そこで、こんな問題を用意してみました。ズバリ104×96を暗算で求めてください。数式を別の形に工夫するのがポイントです。ちょっとしたパズルと同じで、知識だけでなく、ひらめきも必要になってきますよ。

暗算ができる人って、
ちょっとカッコよく
見えますよね!

問題の整理

104×96=?

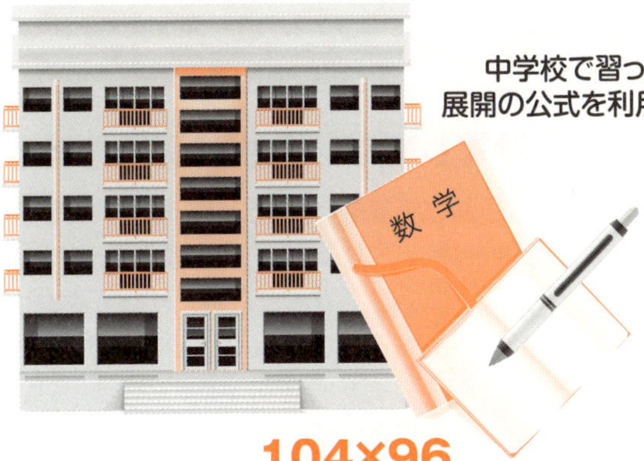

中学校で習った
展開の公式を利用する

104×96
を暗算で解く

わからない人のためのちょっとヒント

利用するのは展開の公式になります。104と96の関係性に注目して、展開の公式に置き換えてみましょう。

.34（答え）

104を100+4、96を100−4とし展開の公式を使う

それぞれの数を計算しやすい数式に変形する

三桁×二桁の計算を、通常の筆算をイメージして暗算するのはかなり難しいです。そこで、数字を計算しやすいものに置き換えてみましょう。ここで注目するのは、104と96の関係性です。どちらも、100を基準として考えたときに、同じ数だけ+もしくは−となります。つまり、数式に置き換えると104は100+4、96は100−4です。この問題の本当のポイントは、この置き換えに気づくか気づかないにあります。

数式を変換したら問題文に当てはめてみましょう。問題は104×96ですので、(100+4)×(100−4)となり100と4というふたつの計算しやすい数字を使った式になります。

置き換えた式は、100をa、4をbとしたとき、$(a+b)(a-b)$となります。この式は展開の公式で出てくる式と全く同じですので、$(a+b)(a-b)=a^2-b^2$という式が導き出されます。

あとは、この公式に100と4を代入していくだけです。

展開の公式を利用

$(a+b)(a-b)$
$=a^2-b^2$

aとbに数字を代入する
ここでは、
$a=100$、$b=4$
となる

$$104\times96=(100+4)(100-4)$$
$$=100^2-4^2$$
$$=10000-16=9984$$

答えは9984となりました。上の計算式よりわかるとおり、実際に計算するのは、100と4の2乗と、最後の引き算のみとなります。これならば、暗算でも簡単に解答が導き出せますよね。

展開の公式を使えば、105の2乗を求めよなんて問題も暗算で解答できます。考え方は先ほどと同じです。105を(100+5)と考えればいいだけ。つまり、$(100+5)^2$を求めればいいのです。

展開の公式より、

$$(a+b)^2=a^2+2ab+b^2$$

ですので、aとbに数字を代入していきましょう。

$$105^2=(100+5)^2$$
$$=100^2+2\times100\times5+25$$
$$=10000+1000+25=11025$$

上の計算式より答えは11025となります。

主な展開の公式

$$(a+b)^2=a^2+2ab+b^2$$
$$(a-b)^2=a^2-2ab+b^2$$
$$(a+b)(a-b)=a^2-b^2$$
$$(x+a)(x+b)=x^2+(a+b)x+ab$$

大きい数字のかけ算を行なうときには、展開の公式のことを頭の片隅に置いておくと、とっても効率的に計算できることがありますよ！

Q.35 地震のエネルギーを知る

マグニチュードが1違ったらエネルギーは何倍になる?

地震のエネルギーを数字で理解

台風や竜巻といった自然災害の中でも、もっとも怖いと思っているのが地震です。気象系の災害は、天気予報などである程度予想できるんですが、地震はそうはいきません。何の前触れもなく、急に起こってしまいます。先日も、東北地方を中心に東日本で大変な震災が起きました。報道などで被災地や被災者の方々の様子を知ると、私も胸が詰まる思いです。そうした、地震関連のニュースでは、震度以外にマグニチュードという単位が使われていますね。マグニチュードは、2違うと地震のエネルギーは1000倍違うそうです。それでは、マグニチュードが1違った場合のエネルギーは何倍になるのでしょうか?　地震のエネルギーがどれだけすさまじいかを理解するためにも調べてみましょう。いざというときに困らないよう、普段から非常食を確保したり、大事なものはすぐに持ち出せるように準備しておきたいですね。

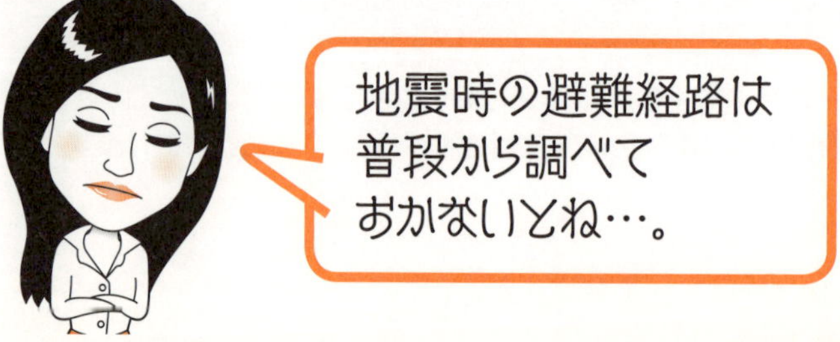

地震時の避難経路は
普段から調べて
おかないとね…。

問題の整理

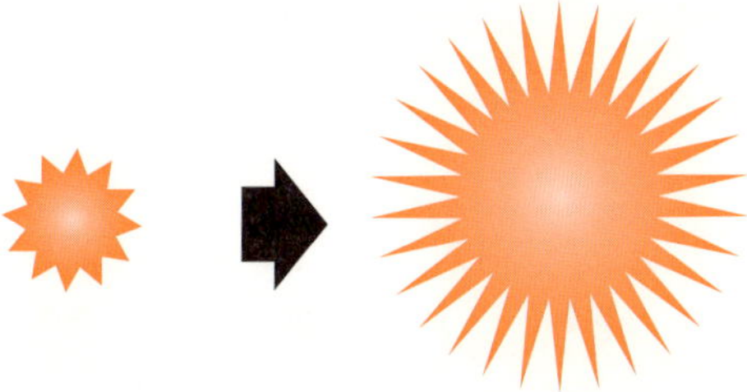

マグニチュード 3　　マグニチュード 5

マグニチュードが2違ったとき
エネルギーは **1000倍** になる

マグニチュード 3 → マグニチュード 4

**マグニチュードが1違ったとき
エネルギーは何倍になる?**

わからない人のためのちょっとヒント

マグニチュードが1違った場合のエネルギーをa倍として、マグニュチュードが2違う時についての方程式を立ててみましょう。

.35（答え）

マグチュードが1増加するとエネルギーは約32倍となる

マグニチュードはエネルギー量をあらわす単位

マグニチュードとは、地震が発生した際のエネルギー量をあらわした指標値となります。簡単にいうと、地震自体の規模を数値化したものです。問題文では、マグニチュードが2違うとエネルギーは1000倍になるとあります。つまり、マグニチュード3と5で考えたとき、マグニチュート5のエネルギーは、マグニチュード3の地震が1000回起きたことと等しくなります。

求めたい数値は、マグニチュードが1上がったときのエネルギー量です。そこで、求めるエネルギー量の比をaとしてみましょう。このとき、マグニチュードが2違ったときのエネルギー量は1000倍ですので、$a \times a = 1000$という方程式がなりたちます。あとはこの方程式を解いていくだけです。

$a \times a = 1000$

$a^2 = 1000$

$a = \sqrt{1000} \fallingdotseq 32$

マグニチュードが1増加したときのエネルギー量は約32倍と導き出されました。

「マグニチュード0」に対するエネルギー増加量

M	計算式	エネルギー量
1	32	32(倍)
2	32^2	1024(倍)
3	32^3	32768(倍)
4	32^4	1048576(倍)
5	32^5	33554432(倍)
6	32^6	1073741824(倍)

※マグニチュードが1増加したとき32倍になるとした場合

マグニチュードは、もともとエネルギーの対数を取ったもので、一般にマグニチュード0だとしても、エネルギーがゼロというわけではありません。覚えておきたいのが、マグニチュードが1上がるとエネルギーは約32倍になるという点です。つまり、3上がるとエネルギー量は32×32×32倍という風に倍々式に増えていきます。たとえば、マグニュードが6変わると、右の表よりわかるとおり10億倍以上のエネルギー量となってしまいます。このエネルギー量を、毎回数値で表すのは困難ですので、マグニチュードという対数に置き換えて表現しているというわけです。

現在使われているマグニチュードの計算方法では、マグニチュード10が地球上で起こりうる最大の地震とされています。さらに、マグニチュード12では、地球がふたつに割れてしまうようなエネルギー量になります。ちなみに、あの広島型核爆弾のエネルギーは、マグニチュード6.1に相当するといわれています。2010年3月に起きたチリ地震のマグニチュードは8.8ですので、地震のエネルギーがいかに大きいかがわかりますね。

大地震に備えて、日ごろから防災に対する意識を持っておかないといけませんね。

Tea Time

震度とマグニチュードの違い

地震の規模をあらわす単位には、マグニチュード以外にも震度があります。マグニチュードが地震自体のエネルギーを表すのに対し、震度はある地点でどのくらい揺れを感じたかをあらわす数値です。日本における震度は震度計と呼ばれる機器によって計測されており、0から7までの数字で表されます。マグニチュードと混同されそうですが、まったく別物なので注意しましょう。

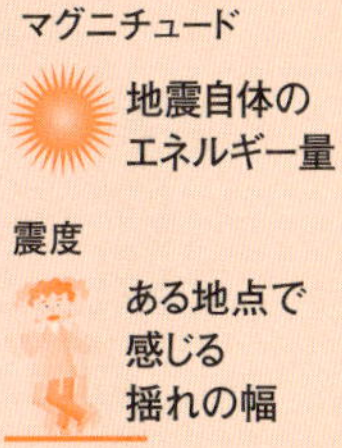

面積増加のトリック

図形の並び方を変えただけなのに面積が増えたのはなぜ!?

図形のパラドックス問題にチャレンジ

数学パズルの中には、公式やちょっとしたひらめきが必要になる問題のほかに、思い込みや錯覚を利用しているものがあります。先日、友人に出されたのもそんなパズルのひとつで、迷路に入り込んでしまいました。

まず、右上の図のように縦横8cmの正方形を台形と三角形で分解します。この分解した図形を使って、右下の図のように長方形を作るとします。すると、もとの正方形の面積は8×8で64㎠なのに、長方形では5×13で65㎠となり、面積が1増えてしまったんです。分解したそれぞれの図形は、同じなのにどうしてなのでしょう……。いくら見ていても答えは出てこないし……。

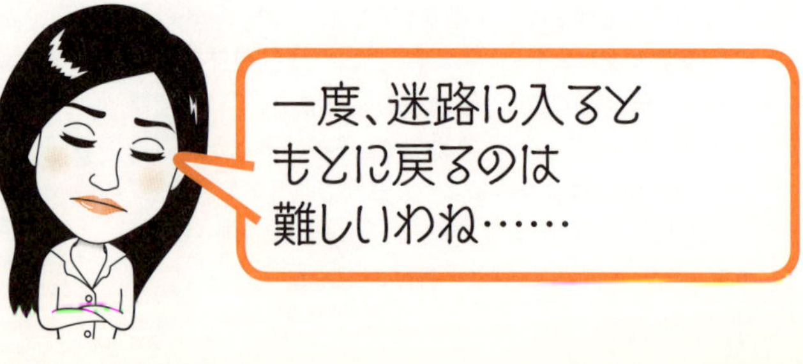

一度、迷路に入ると
もとに戻るのは
難しいわね……

問題の整理

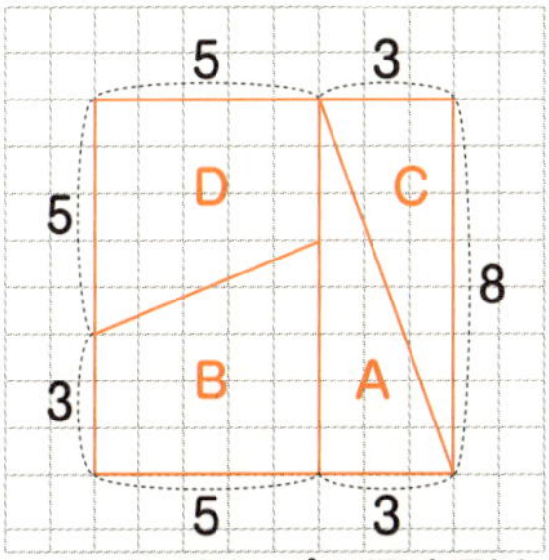

8×8=64cm²の正方形を
台形と三角形の4つの図形に分解

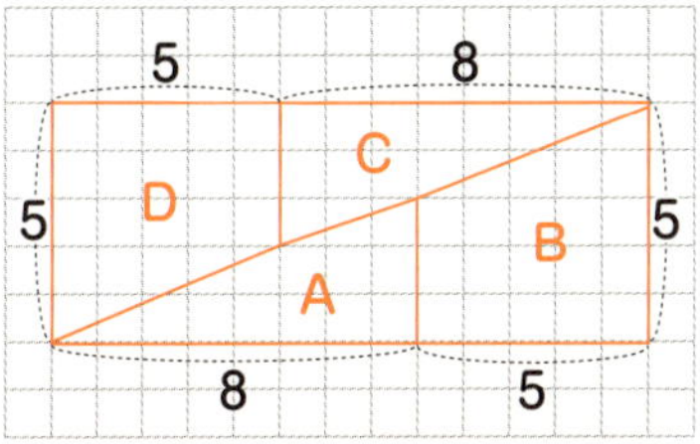

長方形に置き換えると
5×13=65cm²となり
面積が大きくなるのはなぜか？

わからない人のためのちょっとヒント

いくら図形を眺めても答えは出てきません。思い切って、方眼紙を使って図形を切り抜いてみると答えが見えてきますよ。

.36（答え）

斜辺は直線ではなく中央にスキマができているため

正確に図を書いてみよう

この問題は、数学パズルを数多く作成したサム・ロイド作とも、不思議の国のアリスで有名なルイス・キャロル作ともいわれている非常に有名な図形パズルです。三角形と台形が元の図形と同じかを見極めるときに、参考にするのは、底辺や高さといった、方眼紙のマス目で長さが確認できる部分のみになりがちなのですが、斜辺部分に注目すると答えは出てきます。

答えを確かめるには、実際に方眼紙より図形を切り抜いてみるといいでしょう。問題のとおりに長方形を作ってみると、実はAとBで作成された三角形とCとDで作成された三角形の斜辺は直線ではないのがわかります。つまり、中央部分にスキマができてしまうのです。これが、面積が1大きくなったトリックの正体です。スキマ部分の面積を計算すると1㎠になるというわけです。

実は、前ページの「問題の整理」で示した長方形の図ですが、三角形Aと台形Bで作った三角形の斜辺も少し曲がっています。しかし、目の錯覚により直線に見えているだけなのです。なお、方眼紙を使って、正確に8×13の長方形の対角線を引いてみても、問題文の斜辺とズレルことが確認できますよ。

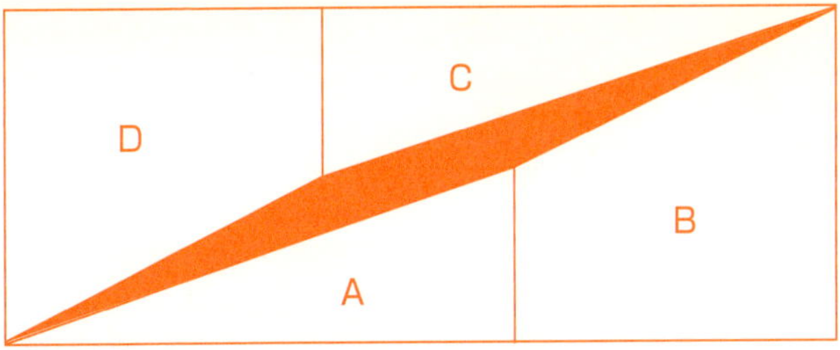

実際には中央に1cmのスキマができている。

※実際よりスキマ部分を極端に表示しています。

斜辺部分が直線にならないのは、三角関数を使って証明することが可能です。AとBより構成される三角形に注目したとき、Bを5×5の正方形とB'という三角形に分けてみましょう。このとき、三角形Aと三角形B'の斜辺が直線ならば、どちらの鋭角も同じ角度となるはずです。

どちらの三角形でも底辺と高さは、わかっていますので三角関数の公式から*tan*を利用しましょう。$\tan\theta = \frac{対辺}{底辺}$ となりますので、三角形Aにおける $\tan\theta = \frac{3}{8}$、三角形B'における $\tan\theta' = \frac{2}{5}$ となります。$\frac{3}{8}$ と $\frac{2}{5}$ は、もちろん異なる数となりますので、三角形Aと三角形B'における鋭角は違うことがわかりました。つまり、三角形Aと台形Bで作られる三角形の斜辺は直線ではないとなります。

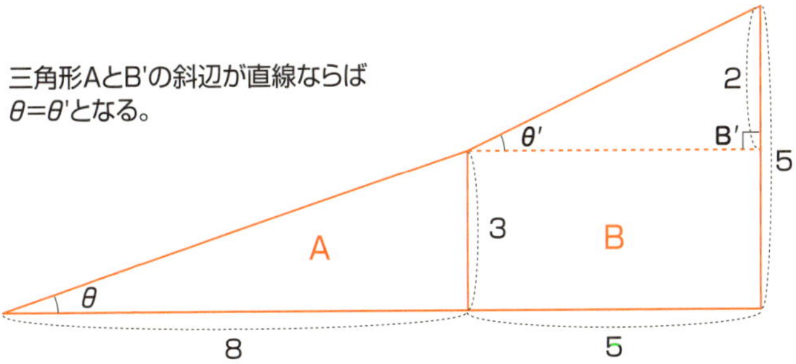

ちょっと見ただけでは1マス分の違いがわからないというのが、この問題のよくできたところですね。

Q.37 正負の差に注目

毎日変化する体重の平均値を簡単に求めるには?

暗算で平均を求める

　数日間続けて、暴飲暴食をしてしまい、体重計に恐る恐るのったら、ひどい数字になってしまっていた……という経験は誰にもあるのではないでしょうか。実際に食べているときは楽しくてしかたがないんですけど、ハメをはずしすぎちゃうと大変ですよね。食べ過ぎた翌日はジョギングなど汗を流すようにすれば、もとにはすぐ戻るのでしょうが、体重が毎日少しずつ違うのはごく普通のことですよね。上がったり下がったりする体重って、平均するとどれぐらいなのかしら?

問題の整理

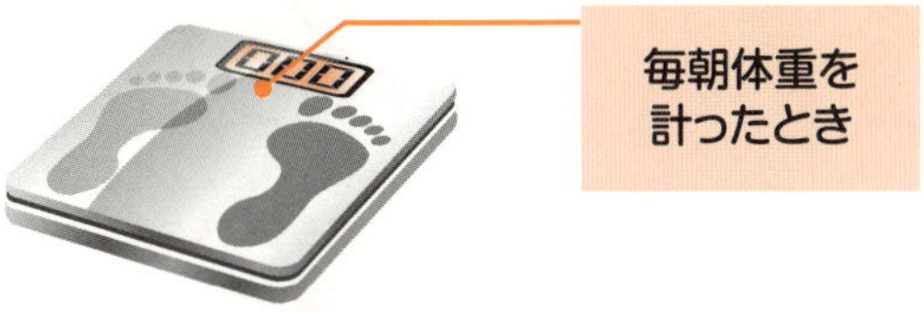

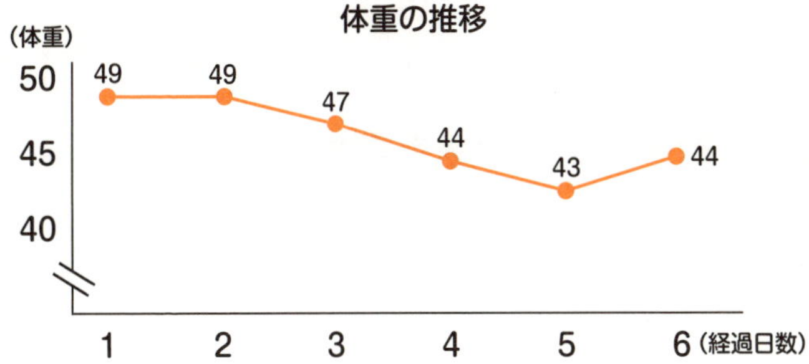

6日間の体重の平均値を暗算で求めよ

わからない人のためのちょっとヒント

単純に体重を合計するのではなく、正負の差に置き換えると暗算しやすくなります。ここでは、45を中心に考えてみましょう。

.37（答え）

正負の差を利用すれば平均値が出しやすくなります

基準値に対する正負の差を求める

平均を求める問題の計算式は、平均したいものの総和÷項目数となります。つまり、ここでは「毎日の体重の総和」÷「経過日数」です。しかし、49+49+47+44+43+44という計算を暗算で行なうのは困難です。

そこで、体重をそのまま計算するのではなく、ある基準値に対する正負の差に置き換えてみましょう。もとの数字より、少ない数になるので、暗算でも平均が求められるようになるはず。基準値は、基本的に何でもかまわないのですが、計算しやすい数値にするのがいいでしょう。ここでは、45kgを基準値としてみます。

基準値を45kgとしたとき、1日目の体重は49Kgですので49-45=+4kgと考えます。同様に2日が+4、3日が+2、4日が−1、5日が−2、6日が−1とします。

45kgに対して多い部分を合計すると4+4+2=+10。

45kgに対して少ない部分を合計すると（−1）＋（−2）＋（−1）=−4となり、ふたつを足すと10+

45kgを基準とした場合の正負の差

日数	体重	45kgとの差
1	49	+4
2	49	+4
3	47	+2
4	44	−1
5	43	−2
6	44	−1

正の数の合計
4+4+2=+10

負の数の合計
（−1）＋（−2）＋
（ 1）= 4

（−4）＝6です。つまり、6日間合わせると45kgより6kg多いとなり、6÷6＝1より、1日当たりだと1kg多いと導かれます。この結果より、基準値45kgに1kg足した、46kgが平均体重となります。

基準値とする数字には、計算しやすい数字以外に、正負の差ができるだけ少なくなる数字を用いるのも有効です。単純に、差として出てくる数字が小さくなるので計算速度が上がりますよ。正負の差が少なくなる数値を使う場合は、最大値と最小値に注目します。このとき、最大値と最小値の中間値がもっとも正負の差が少ない数値となります。

問題文では、最大値が49、最小値が43ですので、ちょうど中間となる46を基準値としてみましょう。すると、1日目が＋3、2日目が＋3、3日目が＋1、4日目が−2、5日目が−3、6日目が−4となり、正負を合計すると＋7＋（−7）＝0と導かれます。この結果より、6日間合わせると45kgより±0kgとなり、平均体重は46kgとなります。答え自体は、どんな基準値を用いたとしても同じになります。求める数字に合わせて使い分けてみるとよいでしょう。

自分の平均体重をいつもチェックして、すてきなプロポーションをいつまでも保持したいですね。

Tea Time

ほかにもある平均の求め方

数学的には単純に平均といってもさまざまな種類があります。この問題で使ったのは、相加平均と呼ばれるもので、それぞれの数値を足した和の平均を求めました。相加平均が足し算を使ったのに対し、掛け算を使うのが相乗平均です。倍数に対する平均を求める際に使われる方法で、一年ごとに利益が、2倍、4倍、8倍となったときの年間平均倍率を求める際などに使われます。ちなみに、計算方法としては、平均倍率xとしたとき、$x \times x \times x = 2 \times 4 \times 8 = 64$となり、$x^3 = 4^3$より平均倍率は4倍となります。

column 数学がもっと好きになる怜題

数学者が残した名言集

日常生活でも役に立つかも!?

数学とは、量、構造、変化、空間などを対象にしていくつかの仮定より、決められた数式を推論し証明する学問です。この数学を研究する人を一般に数学者といいますが、一度は聞いたことのある有名な人も多いです。ここでは、そんな数学者が残した名言を紹介していきましょう。

ニュートン

「私が遠くを見ることができたのは巨人達の肩に乗っていたからです。」

万有引力を発見したニュートンの言葉です。自分の功績は、先人の考えた理論があったからであるとしています。新しい考え方をするためには、古い考え方も学びリスペクトしなくてはならないってことですね。

ピタゴラス

「自らを制し得ないものは自由たり得ず」
「怒りは無謀をもって始まり、後悔をもって終わる」

古代ギリシャの数学者、ピタゴラスの言葉です。哲学者としても知られる人物で、どちらの言葉も、人間の心理に対して述べたものですね。

どうでしょう？　聞いたことのある言葉もあったのではと思います。なにかを極めた人たちって、それ以外にもさまざまなものが見えるようになるんでしょうね！

第8章

磨こう！
「数学」センス ピタゴラス編

Q.38【音楽】
ギターのフレットはなぜ等間隔じゃないの？……172

Q.39【三角数】
トランプタワーを作るのにいったいトランプはいくついる？……176

Q.40【数秘術】
恋愛も数学で解明できる!?　ピタゴラスの数秘術って何？……180

Column 数学がもっと好きになる怜題
生活の中にとけ込むピタゴラスの世界……184

音楽　Mathematics Quiz

Q.38 ピタゴラスから始まる音階のお話

ギターのフレットはなぜ等間隔じゃないの?

だんだん狭くなっていく理由は?

ギターを弾けたらかっこいいと思いませんか。ロックバンドの演奏を聴いたりすると、ギターソロのかっこよさに耳を奪われてしまう方も多いのでは。

ところで、ギターの左手で押さえる部分のフレットって、高い方にいくほど幅が狭くなっていきます。だけど、これって不思議じゃありませんか? 幅は狭くなっていくのに、音はきちんと半音ずつ高くなっていく……。いったいなんでこうなるのかしら。

自由自在にギターが弾けたらかっこいいですよね

問題の整理

ギターのフレットの間隔が、
だんだん狭くなるのはなぜ？

わからない人のためのちょっとヒント

ギターのフレットは押さえて弾くと、きちんと半音ずつ高くなるように、正しい間隔で配置されていますね。けれど、どうして高い方に向かって間隔が狭くなっていくのかしら。

その秘密はドレミファソラシドの音階が、どうやってできたかということに関係します。音と音とがきれいに響き合う音階の法則を見いだしたのは、あの大数学者のピタゴラス。フレットの間隔の秘密を数学的に解明してみましょう。

.38（答え）

美しい音階は美しい比率でできています

フレットの間隔も数学で計算できます

ギターのフレットの間隔は、ドレミファソラシドの音階がどうやって作られているのかということに関係しています。そして、音階を初めて作り出したのは、あのピタゴラスといわれています。

ピタゴラスは1本の弦を張った琴のようなもので実験。弦の長さを変えて音を出して、2つの音が美しく響き合うのは、弦の長さが「2:1」や「3:2」「4:3」という整数比になるということを見いだしました。弦の長さが2:1とは、つまり弦を押さえずに出したときと、弦のちょうど中間を押さえたとき。実際に音を出してみればわかるのですが、弦の中間を押さえると、弦を押さえていないときの、ちょうど1オクターブ高い音になるのです。

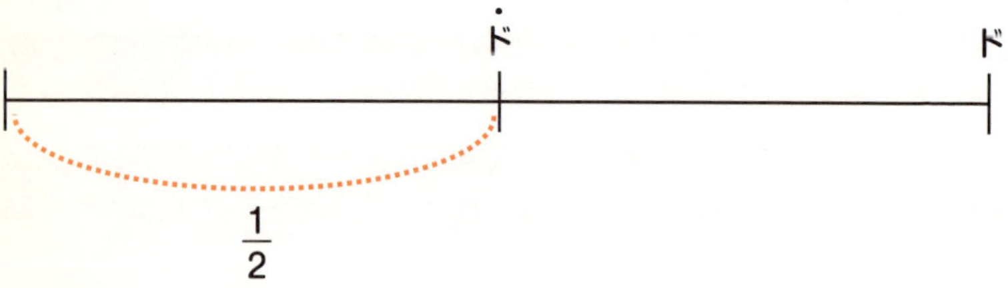

完全純正律音階（ピタゴラス音階から発展）

	ド	レ	ミ	ファ	ソ	ラ	シ	ド
基音（ド）に対する周波数比	1	$\frac{9}{8}$	$\frac{5}{4}$	$\frac{4}{3}$	$\frac{3}{2}$	$\frac{5}{3}$	$\frac{15}{8}$	2

ピタゴラスの一弦琴による実験と計算から始まった「純正律音階」は、音の響きも数学的にも美しいのですが、転調するのが難しいという問題があります。そこで後年考えられたのが、現在の楽器で使われている「平均律音階」。主に弦の長さの比から作られた純正律音階に対して、平均律音階は半音を含めた音の周波数の比が一定になるよう作られています。

平均律音階でも1オクターブが弦の長さが半分になるのは同じ。弦の長さが半分になると、弦の振動数＝周波数が2倍になるわけですから、1オクターブの比は「1:2」。あとは、以下の表のように1オクターブを半音ごと12音に分けて、隣の音との周波数比が「$1:2^{(\frac{1}{12})}$（約1.06）」と、一定（等比）になるよう決められたのが平均律音階なのです。

平均律音階（周波数の比）

	ド	ド#	レ	レ#	ミ	ファ	ファ#	ソ	ソ#	ラ	ラ#	シ	ド
基音(ド)に対する比	1	$2^{\frac{1}{12}}$	$2^{\frac{2}{12}}$	$2^{\frac{3}{12}}$	$2^{\frac{4}{12}}$	$2^{\frac{5}{12}}$	$2^{\frac{6}{12}}$	$2^{\frac{7}{12}}$	$2^{\frac{8}{12}}$	$2^{\frac{9}{12}}$	$2^{\frac{10}{12}}$	$2^{\frac{11}{12}}$	2
直下の音に対する比		$2^{\frac{1}{12}}$ (1.06)	$2^{\frac{1}{12}}$ (1.06)	$2^{\frac{1}{12}}$ (1.06)	$2^{\frac{1}{12}}$ (1.06)	$2^{\frac{1}{12}}$ (1.06)	$2^{\frac{1}{12}}$ (1.06)	$2^{\frac{1}{12}}$ (1.06)	$2^{\frac{1}{12}}$ (1.06)	$2^{\frac{1}{12}}$ (1.06)	$2^{\frac{1}{12}}$ (1.06)	$2^{\frac{1}{12}}$ (1.06)	$2^{\frac{1}{12}}$ (1.06)

低 → 高

現代のギターもこの平均律音階の楽器。フレットもこの比に基づいて刻まれています。音が1オクターブ高くなる（周波数が2倍）と、弦の長さが$\frac{1}{2}$になるという関係でわかるとおりに、弦の長さと周波数は反比例の関係。そのため、半音高くなる＝周波数が1.06倍になると、弦の長さは$\frac{1}{1.06}$＝約0.94倍になります。つまり、前のフレットから弦の長さが0.94倍になるところに、次のフレットが刻まれていくというわけですね。2音の弦の長さを引いたのがフレットの間隔なので、同じく高い方に向かって0.94倍と、だんだん間隔が狭くなっていくのです。

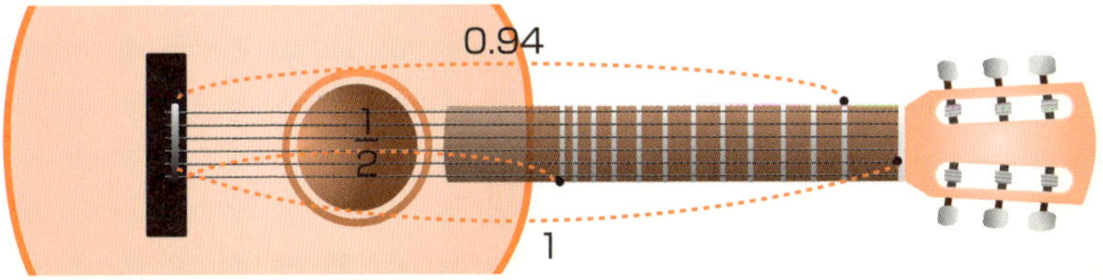

Q.39 三角数

三角形に秘密あり
三角数のお話

トランプタワーを作るのに いったいトランプはいくつ いる?

底辺に10個の三角形を並べて作っていったら……

トランプだけを積み重ねて作るトランプタワーって、みなさんも子供の頃に作ったことがありますよね。子供の遊びのように思えるけど、世界にはものすごい高さのトランプタワーを作っちゃうアーティストもいるの。世界最大のトランプタワーはなんと22万枚ものトランプを使った、とあるホテルそっくりのもの。一人で44日間もかけて積み重ねていったんだって。

そんな本当の建物とそっくりのトランプタワーを作るのは大変だけど、普通の三角形型なら挑戦できるかも……!? ところで、三角形型のトランプタワーを作るには、何枚のトランプがいるのかしら。最初に10個の三角形を並べた、10段のトランプタワーに必要なトランプの枚数はいったいどれくらい?

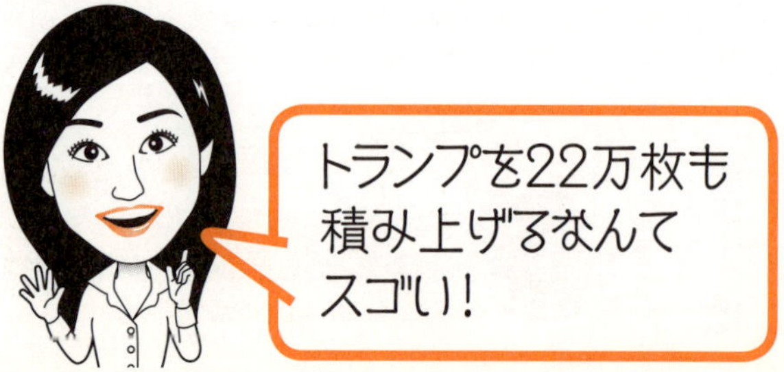
トランプを22万枚も
積み上げるなんて
スゴい!

問題の整理

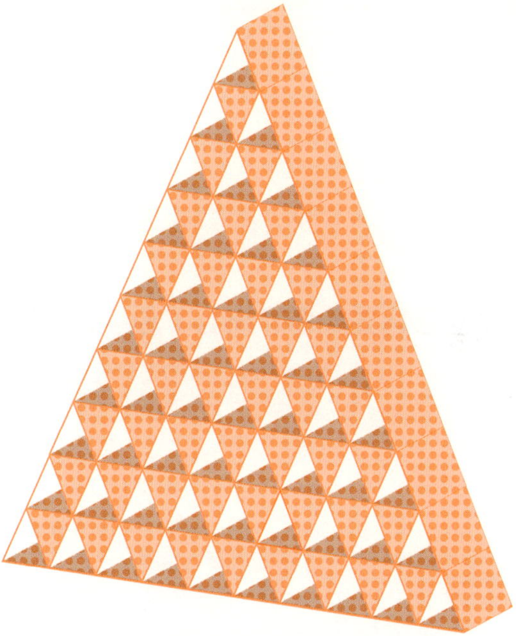

底辺10個のトランプタワー
トランプは何枚いる?

わからない人のためのちょっとヒント

三角形型のトランプタワーをよく見てみると、トランプ3枚でできる小さな三角形がある法則で積み重なっているのがわかるはず。その法則さえ見破れば、小さな三角形がいくつあるのか、そしてトランプが何枚必要になるのか簡単に計算できます。

トランプ3枚の小さな三角形をひとつの単位として、トランプタワー全体の形を見てみましょう。

.39（答え）

底辺10個のトランプタワーにはトランプ165枚が必要

底辺の数から三角数を導き出してみましょう

三角形型のトランプタワーは、3枚のトランプでできる小さな三角形が積み重なってできています。この小さな三角形をひとつの単位として、底辺10個のトランプタワーを見てみましょう。図のように斜めに補助線を引くと、「1+2+3+4+5+6+7+8+9+10」を計算すれば、底辺10個のトランプタワーがいくつの小さな三角形でできているかわかります。

けれど、こんな1+2+3+…なんて計算は面倒。そこで登場するのがピタゴラス大先生。ピタゴラスはこんな三角形でできる数を「三角数」と名付けて、底辺の数から全体の数を計算する方法を見い出しています。

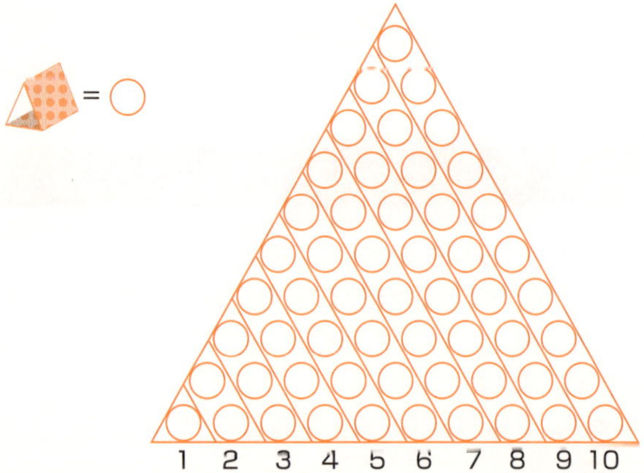

三角数の計算方法は、下図のように三角形をもうひとつ持ってきて逆さに並べてみれば、一目でわかります。底辺の数に1を足して段数（=底辺の数）を掛け、それを2で割れば全体の数が計算できるというわけですね。この三角数の求め方は底辺がどんな数のときでも一緒。底辺の数をnとすると、「$(n+1) \times n \div 2$」で全体の数を計算することができます。

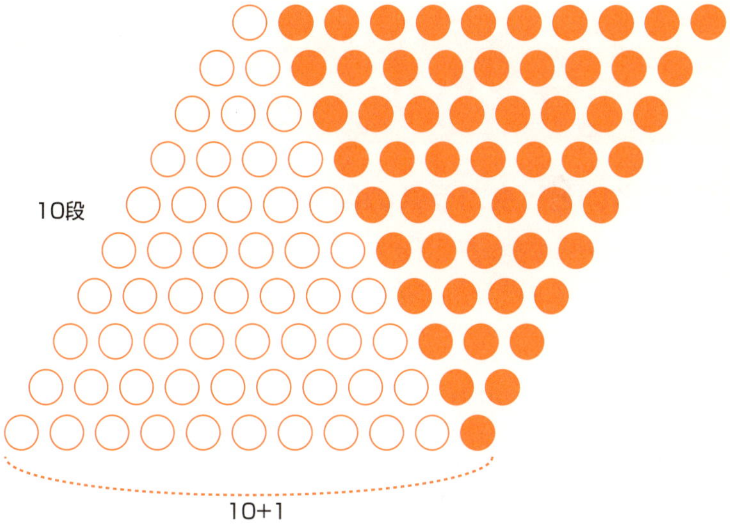

これで、底辺10個のトランプタワーでいくつトランプが必要になるか計算できますね。まず小さな三角形が「(10+1)×10÷2=55」で55個。さらに、小さな三角形1個に3枚のトランプを使うため、「55×3=165」で、全部で165枚のトランプが必要になると答えが出ます。

三角数の計算方法は三角形をもうひとつ逆さに並べるのがミソ。人から教えてもらえば簡単なことだけど、自分だけではパッとは思い浮かばないかも。やっぱり、ピタゴラスは偉大ですよね。

Q.40 数秘術 Mathematics Quiz

物事の根源を解明
数秘術のお話

恋愛も数学で解明できる!? ピタゴラスの数秘術って何?

数秘術占いとピタゴラスの関係は

　女の子ならみんな占いが大好きですよね。星占いやタロット占いなんかで、好きなあの人との相性を占ったことが、誰しもがあるはず。

　雑誌や携帯サイトなんかでみかける占いには、さまざまな種類があるけれど、その中で「ピタゴラス数秘術」なんて占いを見つけちゃいました。ピタゴラスって、三平方の定理を発見したあのピタゴラスのこと？　お堅い数学者のピタゴラスと占いなんて、ちょっとイメージが結びつかないんですけど……。ひょっとして、占いにも数学が隠れてる？

数学がわかれば
恋愛上手に！
……なんてことは
ないのよね～。

問題の整理

占いと数字の関係は？
ピタゴラス数秘術ってなに？

わからない人のためのちょっとヒント

ピタゴラスは、数には意味があって、世の中すべてのことが数学で解明できると考えていました。そんな考えをもとに編み出されたのが「数秘術」。「数秘術」はさまざまな占いの源流になったともいわれています。

数学で世の中の出来事を解明する、その秘密の技をちょっと覗いてみましょう。

.40（答え）

数に意味を見い出したピタゴラスの数秘術

占星術やタロット占いの源流にも

実は占いとピタゴラスには深い関係があります。数学者のピタゴラスは、数の秘密を解き明かすうちに「物事の根源は数である」って考えに行き着いたの。これは、計算式の中だけでなく、世の中すべてのことが数によって成り立っているって考え方。数字ひとつひとつには秘められた意味あって、それであらゆる物事が解明できる考えたのが「数秘術」なんです。

では、数秘術の秘密をちょっと紹介しましょう。ピタゴラスやその弟子たちは、以下の表のように「1は理性」「2は女性」というふうに、数字の意味を見い出しました。

1	2	3	4	5
理性	女性	男性	正義や真理	結婚
6	7	8	9	10
恋愛と霊魂	幸福	本質と愛	理想と野心	神聖な数

この数の意味を眺めるだけで、面白い関係を発見することができます。「2+3=5」の意味は？　そう、「女性+男性」で「結婚」と、きちんと数から世の中の出来事が解明できてますね。

ほかにもわかりやすい計算式はいっぱい。女性×男性＝恋愛なんて計算もできます。では、女性に結婚を足すとどうなるでしょう。そう、「2+5=7」で「幸福」。女性の一番の幸せはやっぱり結婚なのでしょうか。

ピタゴラスが見い出した数秘術は、現在でも生きています。生年月日や名前などを数字に置き換えて、その数字の意味から人生や相性などを占っているのが、数秘術占いなんですね。また、ピタゴラスの数秘術は占星術やタロット占いなど、さまざまな占いの源流になったともいわれています。

数字に秘められている意味を見つけて占うなんて、お堅いイメージのピタゴラスさんも結構ロマンチストね。けど、2+1=3で女性＋理性＝男性って、女性には理性がないってこと？　これって、ちょっとひどいわよね。ピタゴラスさん考え方が古すぎよ！　ぷんぷん！　でも、ちょっと納得かも。

Tea Time

幸福のナンバー「ラッキーセブン」の由来は？

ピタゴラスの数秘術でも「7=幸福」となっていますが、「ラッキーセブン」なんて言葉もよく耳にしますね。ラッキーセブンの由来は諸説あるのですが、なかでも有力なのが野球のメジャーリーグが由来というもの。1885年の優勝決定戦で7回に幸運な逆転ホームランがあったとか、1930年代のサンフランシスコ・ジャイアンツが7回によく逆転していたとか、こんな逸話から野球では7回の攻撃がラッキーセブンと呼ばれるようになったんですって。それが浸透して、いまでは野球と関係ないことでも、7は幸運の数字といわれているのです。

column 数学がもっと好きになる怜題

生活の中にとけ込む ピタゴラスの世界

知育玩具で将来はピタゴラス級の数学者に!?

ピタゴラスは現在から遡ること2500年以上も昔、古代ギリシャに実在した数学者。数字を奇数と偶数に分ける概念や無理数の発見などなど、現在の数学の基礎となるさまざまな数字の謎を解き明かした偉大な人物です。数多くの数学的な発見をしたピタゴラスですが、なかでも有名なのが直角三角形の3辺の関係を表わした**「三平方の定理」**。いまでも三平方の定理が**「ピタゴラスの定理」**と呼ばれるように、ピタゴラスの名前はずっと受け継がれています。

そんなピタゴラスの功績は、数学の教科書の中だけにとどまらず、わたしたちの生活の中にもとけ込んでいます。本章でも紹介したように占いの中にピタゴラスの数秘術が生きていたり、子供が遊ぶ積み木やパズルの中にピタゴラスの数学が隠れていたり、そこここにピタゴラスの世界が応用されています。

なかでも親しみやすいのが知育玩具。三平方の定理の証明に使われた図形みたいに、四角形や三角形を組み合わせていろんな図形や立体を作って遊ぶ玩具があるんです。遊んでいるうちにピタゴラスの数学に触れられるなんて、ちょっとステキだと思いません。ちっちゃな頃からこんな玩具で遊んでいれば、将来はピタゴラス級の数学者に育つかも!?

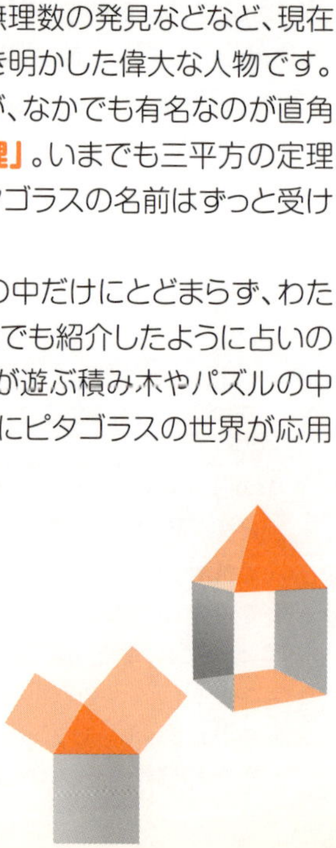

第9章

磨こう！「数学」センス 微分積分編

Q.41 積分的計算方法を知る

30km地点でラストスパートしたランナーの10秒間で進んだ距離は？

進んだ合計値を求める

マラソン競技のポイントは、単純な速さだけではなく、いつスピードを上げるのかといった駆け引きにあります。スパートがうまく決まったときって、見ている私達も興奮してしまいますよね。

さて、ここで問題です。30km地点まで秒速3mで走っていたランナーが10秒間スパートをかけたとき、秒速3mのままで走っているランナーより何m前にいるでしょうか？　スパートしたランナーのスピードは、右の表で示したとおりです。

問題の整理

秒速3mの集団で一人がラストスパート

時間（秒後）	早さ（秒速／m）	時間（秒後）	早さ（秒速／m）
0	3	5	4.5
1	3.5	6	4.5
2	4	7	5
3	4	8	5
4	4	9	5.5

スパートから10秒間の速度が
上の表のとき
集団から何m先に進むでしょうか？

わからない人のためのちょっとヒント

1秒間ごとに進んだ距離を出して、合計していきましょう。速さを平均して求めると誤差が大きくなるので注意してください。

.41（答え）

10秒を1秒間ずつに分けて計算 集団より13m前に出る

積分的思考で答えを導き出す

距離を出すには「速さ」×「時間」という公式があります。ただし、この公式が成り立つのは、一定のスピードを保つことが条件です。今回の問題では、1秒間おきにスピードが変わるため、単純に10秒後の速さに10秒という時間をかけても答えは出ません。

1秒間ごとの走った距離を計算

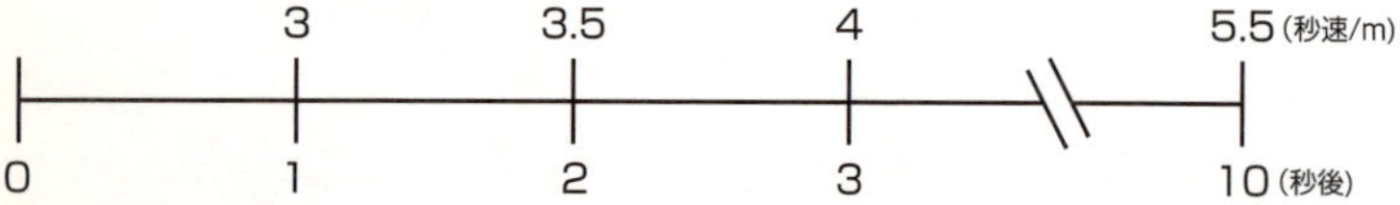

0〜1秒間の距離　3×1
1〜2秒間の距離　3.5×1
2〜3秒間の距離　4×1
⋮
9〜10秒間の距離　5.5×1

問題文より、実際の速度は、1秒間ごとに、不定期に変化しています。そこでそれぞれの秒数ごとに進んだ距離を分割して計算します。つまり、はじめの1秒間は0〜1秒までの距離とし秒速3mより、走った距離は3×1mとなります。これを10秒間まで繰り返し足していけばいいわけです。

3×1+3.5×1+4×1+4×1+・・・5.5×1
=(3+3.5+4+4+4+4.5+4.5+5+5+5.5)×1=43m

この計算式より、ラストスパートした人は、10秒間で43m進んだことになります。あとは、集団が10秒間で進む距離を計算し、ラストスパートした人との差を調べればいいだけです。集団のスピードは、秒速3mのまま変化はないので、「距離」=「速さ×時間」より3×10=30となります。

ラストスパートした人は、10秒間で43m進んでいますから

43−30=13

より、ラストスパートした人は、13m先を進んでいると導き出されました。

マラソンも恋も、ラストスパートはタイミングと持続させる時間がポイント。一気に抜け出せるように、がんばりましょう！

積分とは？

Tea Time

それぞれの変化量に対する数値を求めて合計する方法は、積分的な考え方を利用しています。積分とは、図形の面積などを求める計算方法のひとつで、面積を微小な集まりのひとつとして考えます。右図のような図形で面積Sを求める際、xに伴って変化する量$f(x)$をa〜bの範囲で合計する場合

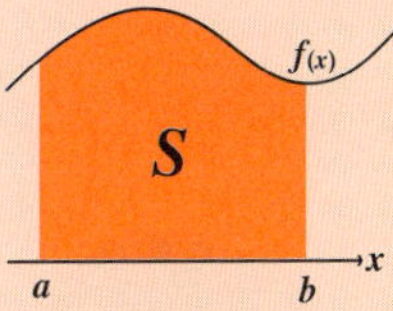

$S=\int_a^b f(x)dx$

と表します。

なお、このQ41で、トップランナーの進んだ距離を積分の式で表すと、x秒後の速さを$f(x)$として10秒間走った道のりですので

$S=\int_0^{10} f(x)dx$　※$f(x)dx$は「速さ×時間」

となります。

ドーナツ状の
体積を計算

真円で構成される ドーナツの体積はいくら?

円柱をもとに考える

スイーツの代表的存在のドーナツ。色とりどりのチョコレートやクリームがかけられていたりなど、色彩も楽しめる、とっても美味しいスイーツですよね。ところで、ドーナツの体積ってどれくらいか、気になったことないですか?　円柱と同じように断面が円だけど、ドーナツ状だから簡単には求められなそう。うーん、食べてみればボリューム感は分かるんだけれど……。

ここでは、外円の半径が8cm、内円の半径が4cmのドーナツの体積を求めてみましょう。食べごたえのあるドーナツね。って、すごく大きなドーナツよ、これ!?

スイーツはやっぱり
別腹なんですよ~!

問題の整理

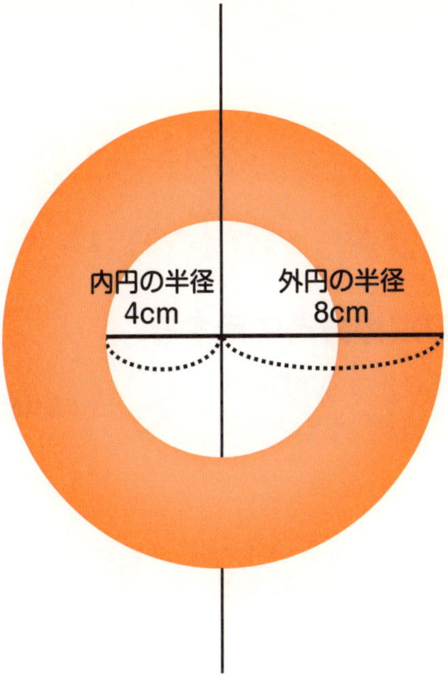

ドーナツの体積を求めよう

わからない人のためのちょっとヒント

ドーナツの断面部分に注目してみましょう。断面を真円としてその面積を求めたら、その真円が中心点より等間隔で回転した際の通過した部分が体積となります。

.42（答え）

中心線の円周と円の面積を利用 ドーナツの体積は$48\pi^2$cm^3

円柱の体積の求め方を応用する

ドーナツの体積は、円柱の体積の求め方を応用することで簡単に求めることができます。

円柱の体積は「底面積」×「高さ」で求められます。ドーナツの断面はすべて真円として、断面積を底面積、高さを円周（中心線）と考えれば、円柱を円状に丸めた立体と考えることができるのです。つまり、「断面積」×「円周」=「体積」で求められます。

ドーナツの体積を求める

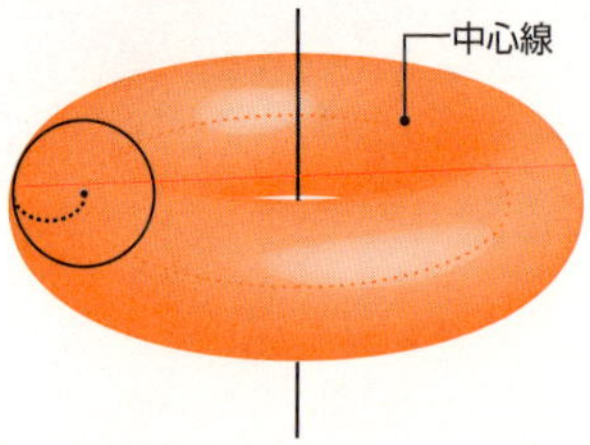

ドーナツの体積
=ドーナツの断面積×中心線の長さ

ドーナツの断面積はπr^2（r=円の半径）で求めることができます。半径は（「外円の半径」－「内円の半径」）／2となので、$\pi\{(8-4)/2\}^2=2^2\pi=4\pi$となります。ドーナツの円周は$2\pi r$で求めることができます。半径は内円+（外円－内円）／2なので、$2\times\{4+(8-4)/2\}\times\pi=12\pi$です。

「断面積」×「円周」という計算式に代入すると、

$$4\pi\times12\pi=48\pi^2$$

となり、ドーナツの体積は$48\pi^2$cm^{3}であることがわかりました。

前のページでは円柱の体積の求め方を応用して、ドーナツの体積を求めましたが、実はドーナツ状の物体の体積を求める公式も存在します。断面となる円の半径をr、中心線の半径をRとしたとき、$2\pi^2r^2R$という式で求められます。公式が正しいかどうかは、積分を使うことで証明可能です。ドーナツを上からどんどん輪切りにしたとして式を立ててみましょう。

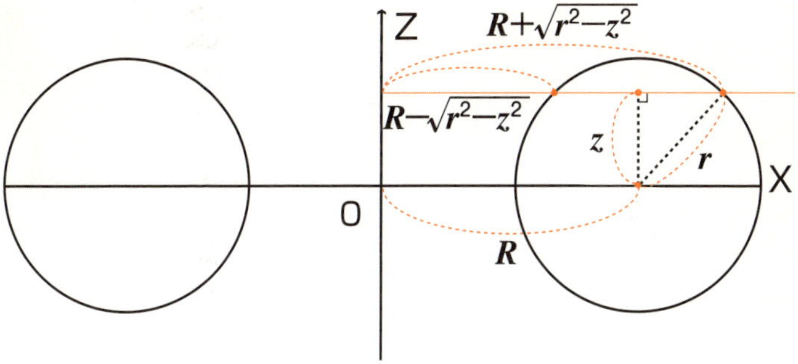

ドーナツを縦に切った断面図を作成します。Y軸は図より垂直に手前に伸びている線とします。このとき、ドーナツを横にスライスしたときのドーナツ部分の面積を外円の面積−内円の面積で求めます。すると、外円の面積は$\pi\times(R+\sqrt{r^2-z^2})^2$、内円の面積は$\pi\times(R-\sqrt{r^2-z^2})^2$となります。あとは、$-r$から$r$についての積分を考えればいいだけです。

$$体積V=\int_{-r}^{r}\{\pi(R+\sqrt{r^2-z^2})^2-\pi(R-\sqrt{r^2-z^2})^2\}dz$$

$$=\pi\int_{-r}^{r}\{(R+\sqrt{r^2-z^2})^2-(R-\sqrt{r^2-z^2})^2\}dz$$

$$=\pi\int_{-r}^{r}(4R\sqrt{r^2-z^2})dz$$

$$=4\pi R\int_{-r}^{r}\sqrt{r^2-z^2}dz$$

このとき$\int_{-r}^{r}\sqrt{r^2-z^2}\,dz$は、半径$r$の半円を求める式とし、$\frac{1}{2}\pi r^2$を代入します。
すると、

$$4\pi R\times\frac{1}{2}\pi r^2=2\pi^2r^2R$$

となり、公式が正しいことが証明されました。

column 数学がもっと好きになる怜題

古代エジプト文明から存在した微分・積分

「エジプトはナイルの賜物。」

微分・積分の歴史は非常に古く、古代エジプト時代から存在していたといわれています。この時代は、日本はまだ**弥生時代**。狩猟中心の生活から、稲作中心に変わった時代です。そんな時代から微分・積分が使われていたなんてすごいことだと思いません?

では、微分・積分はいったいどんなことに使われていたんでしょうか?

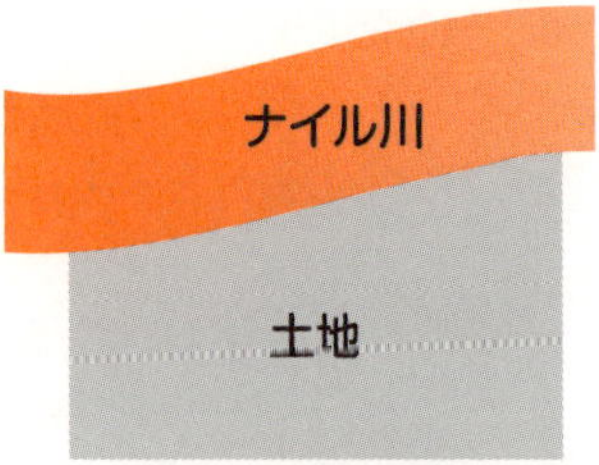

川べりの土地の面積を積分で求める

古代エジプト文明の発展において、飲み水や生活水、船を使った物資運搬など、重要な役割を担っていたのがナイル川です。そのため、古代エジプトの人々の生活圏はナイル川沿いに広がりました。このナイル川は、大雨が降ると頻繁に氾濫し、氾濫のたびに川の形が少しずつ変形するため、そのたびに生活エリアの面積も変わります。このナイル川の氾濫によって、変わってしまった面積を求めるために使われたのが**積分法**というわけです。川べりの土地を測量するための方法として使われたといわれています。

日本もナイル川に負けず劣らず、氾濫する川は多いのですが、大和朝廷ができるまでは大きな測量は行なわれていないんです。当時のエジプト人って数学の最先端を走っていたんですね。

特別付録

数学の歴史は美の歴史！世界の芸術を数学でひも解く

Mathematic History

数学の美をひも解く .01

芸術にも見られる数学

実は芸術には数学が応用されていた!?
黄金比のナゾを解き明かす

あらゆる場面で使われる黄金比

黄金比とは、一般的に最も均整の取れた長方形を作ったときの縦と横の比率のことをいいます。エジプトのピラミッドや、ミロのヴィーナス、パルテノン神殿といった、時代を超えて美しいといわれる建造物や芸術品などでも利用されている数値です。

具体的には、ある線分をaとbとしたときに、$a:b$が

$$1:\frac{1+\sqrt{5}}{2}\text{(約1.618)}\fallingdotseq 5:8$$

となっている比率になります。この比率を使われた建造物などは、バランスが美しく取れているように見えます。

この黄金比を、はじめに使ったのはギリシャ時代の彫刻家ペイディアスといわれています。以後、数々の芸術品で見られるように、ヨーロッパでは古くから美しい長方形になる比率として親しまれてきました。

かの偉大な芸術家レオナルド・ダ・ヴィンチも黄金比を発見したという記録が残っています。モナリザなどの絵画でも使われているそうです。

ちなみに、「黄金比」という言葉自体は1835年に出版されたマルティン・オームの著書「初等純粋数学」に見られることより、1830年ごろから使われ始めたのではないかと考えられています。

黄金比が美しく見えるわけとは?

黄金比が美しく見える理由は、いろいろと考えられるのですが、フィボナッチ数列に関連した理由を紹介しましょう。フィボナッチ数列とは、レオナルド・ピサノという数学者が見つけた数列で、$F^0=0$、$F^1=1$、$F^{n+2}=F^n+F^{n+1}$という数式で定義される数列です。具体的には、0・1・1・2・3・5・8・13・21・34という順に進み、項はその前の2つの項の和となります。このフィボナッチ数列は、自然界に多く見られるので有名です。たとえば、花の花弁の枚数は3枚、5枚、8枚、13枚のものが多いですし、ひまわりの種の並びもフィボナッチ数列と同じ数になります。このフィボナッチ数列で、前の数字との比を考えてみましょう。すると、

$$\frac{1}{1}=1、\frac{2}{1}=2、\frac{3}{2}=1.5、\cdots、\frac{8}{5}=1.6、\frac{13}{8}=1.625\cdots、\frac{21}{13}=1.615\cdots$$

という風に、黄金比を構成する $\frac{1+\sqrt{5}}{2}$ （黄金数といいます）に近づいていきます。つまり、自然界で多く見られる比率と同じということがわかります。また、フィボナッチ数列は、人間の心理を表現する指標として、投資における売買指標でも利用されています。このように、人間のより深い心理に訴えかけるため、美しく感じるのかもしれませんね。

正対したときの高さ：底辺がほぼ黄金比です

a：bなど、たくさんの黄金比が見出されます

エジプトのピラミッドや凱旋門などの歴史的建造物には、黄金比が使われています。いつの時代の人々が見ても美しく感じるのは、黄金比に秘密があるようです。

Mathematic History
数学の美をひも解く .02

黄金比を深く知る
ギザのピラミッドやパルテノン神殿の黄金比をひも解く

黄金比を利用して作られた建造物を解析する

世界中の巨大建造物や美術品の中には、黄金比が用いられているものも多いです。巨大ピラミッドや、パルテノン神殿などが美しく見えるのは黄金比を採用しているからといっても過言ではありません。古代ギリシャでは「神の比」とまで呼ばれていたようです。

黄金比は、196ページでも紹介したように、縦と横が

$$1:\frac{1+\sqrt{5}}{2}(約1.618)≒5:8$$

となる比率のことです。それでは、数学的視点を用いて、黄金比を持つ長方形を実際に作図してみましょう。はじめに各頂点を$abcd$とした正方形を書きます。底辺をbcとしたときにbcの中点をoとします。このoを中心にしたとき、線分oaもしくはodを半径とした円を描きます。線分bcを延長し円とぶつかった点をeとすると、線分abとbeの関係は、黄金比となる

$$1:\frac{1+\sqrt{5}}{2}$$

となります。右ページ上図の長方形$abef$が黄金比で作図したものです。どうでしょう、なんとなく美しく見えませんか？　この長方形がほぼ、ギリシャのパルテノン神殿が建造された縦横比に当てはまるわけです。

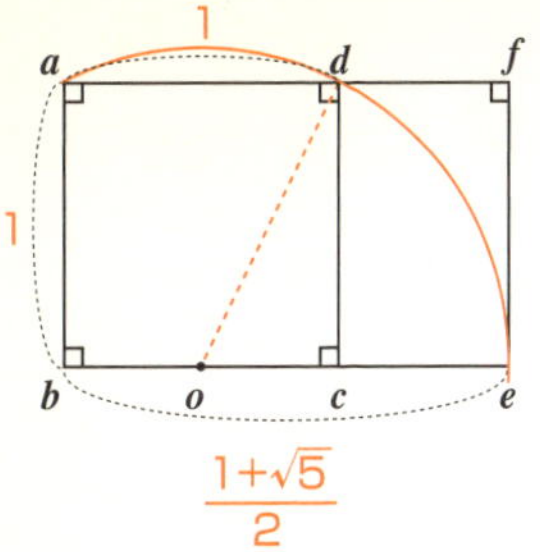

ピラミッドとヴィーナス

197ページでも触れましたが、エジプトのピラミッドの中でも最大といわれているギザの大ピラミッドで黄金比がどのように使われているかを確かめてみましょう。このピラミッドは建造時の高さは146mといわれており、底辺の長さは230mです。この高さと底辺の比は、230÷146=1.58となりほぼ黄金比であると分かります。ちなみに現在の高さは少し減って138mですが、まだまだ黄金比に近く美しい姿を保っています。

黄金比は、芸術品でも見られます。有名なのが、ミロのヴィーナスです。でも、パッと見た感じでは縦と横は黄金比には見えませんよね。実は、ミロのヴィーナスで利用されている黄金比は、おへそを中心とした場合の上半身と下半身の比率になります。頭の先からおへそまでを1としたとき、おへそからつま先までが1.618に近い数字になっています。このように黄金比は長方形だけでなく、さまざまな部分で適用されているのです。

ピラミッドの黄金比

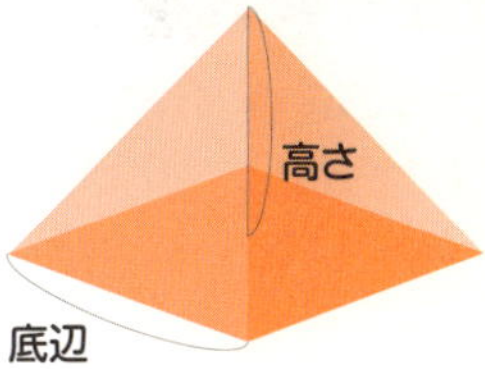

高さ:底辺≒1:1.58

ミロのヴィーナスの黄金比

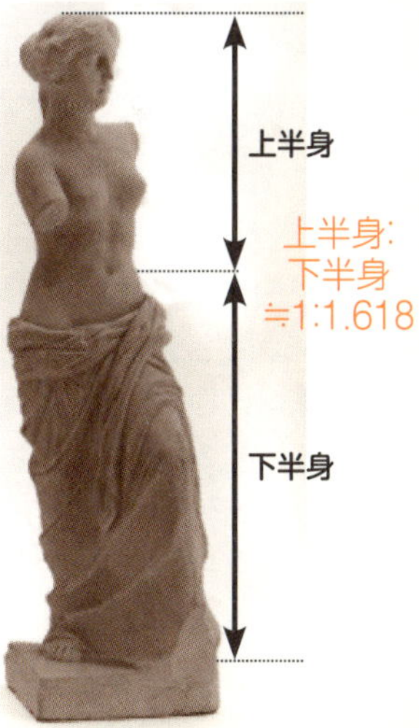

Mathematic History
数学の美をひも解く .03

日本にも特殊な比率が存在する

日本古来の伝統比率「白銀比」

法隆寺の五重塔でも使われている

西洋の建築物や芸術作品に多く見られる黄金比は、自然界でも見られる法則と類似しており、調和の比率として親しまれています。では、日本ではどうかというと、黄金比とは別の美の比率が存在しています。

日本で利用されている美の比率は、白銀比（大和比:やまとひ）と呼ばれているものです。黄金比が「$1:\frac{1+\sqrt{5}}{2}$(約1.618)≒5:8」に対し、白銀比は「$1:\sqrt{2}$≒1:1.414」の線分比。なんと聖徳太子の時代から使われていたともいわれています。

さて、それでは、実際の白銀比がどんな比率なのかを見ていきましょう。縦と横が白銀比となる長方形は、黄金比と同様に正方形を利用することで簡単に作図できます。はじめに各頂点を*abcd*とした正方形を描きます。底辺部分を*bc*としたとき、頂点*b*を中心として半径*bd*となるような円を描きます。このとき、*bc*を横に伸ばして円と交わる部分を*e*とすると、縦線*ab*と横線*be*の線分比は白銀比となる$1:\sqrt{2}$になります。基本的には、黄金比の作図方法と似たような考え方ですね。

白銀比を用いた長方形を作図する

$ab:be$

$=1:\sqrt{2}$

$=1:1.414$ ➡ 白銀比

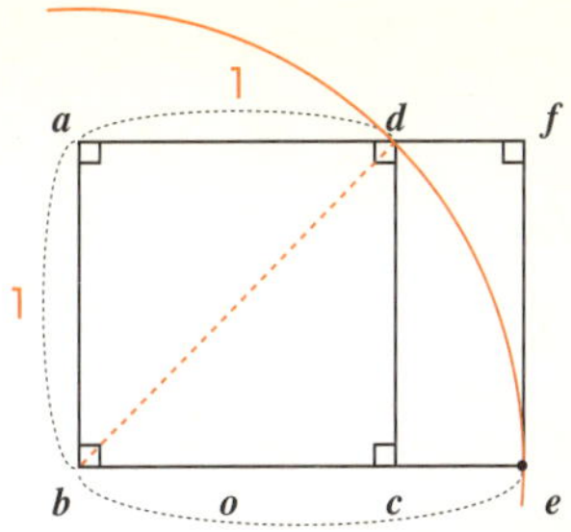

寺や仏像で使われる白銀比

日本の「神の比」は、この白銀比。建築物や仏像などを中心に使われています。代表的なものが、聖徳太子が建立した世界最古の木造建築物群といわれる法隆寺で、随所に白銀比が見い出せます。一番有名なのが五重塔で、一見すると縦長すぎると思うかもしれませんが、一番上の屋根部分と一番下の屋根部分を比較すると、$1:\sqrt{2}$ という白銀比になります。どことない安定感を感じるのは白銀比のせいかもしれませんね。さらに、金堂の上層と下層なども白銀比となっています。

法隆寺の白銀比

白銀比は日本の寺や仏像で数多く使われている比率です。聖徳太子が建立した法隆寺でも利用されています。

ちなみに大工さんの道具で、曲尺（かねじゃく）というL字型のものさしがあります。曲尺は、表面には普通のものさしと同じよう1mm刻みの目盛が刻まれているのですが、裏面には表目を1.414倍した独特の目盛が刻まれています。この曲尺を最初に考案したのが、聖徳太子といわれており、白銀比がいかに重要視されていたのかが伺えますね。

Mathematic History
数学の美をひも解く .04

音楽と数学の関係

音楽の世界でも数学が使われていた

「音楽は感覚の数学であり、数学は理性の音楽である」

上の言葉は、19世紀のある有名な数学者が語ったもの。音楽の分野では、数学の知識が様々に使われています。古代ギリシャのピタゴラスから始まるといわれる西洋音階の歴史。複数音が美しく響き合うという「純正律」、そして、クラシック音楽を発展させた「平均律」には、どのような数学が見出されるのでしょうか。

純正律では、まず最初の「低いド」を「基音ド」とし周波数比1／1とします。次に「高いド／基音ド」という1オクターブ上の音の周波数比は2／1、そして「ソ／基音ド」がうなりなく響く周波数比は1.5／1と確定されます。約分して3／2という奇麗な整数比になりますね。この「基音ドからソ」のような音の上昇幅を音楽では<完全五度>といいます。

※<完全五度>＝たとえば、このピアノの鍵盤図の白鍵（7音階）を低い音から5個数えるので「五度」、そして低い音～高い音を白鍵・黒鍵、つまりその間の半音も全部含め数えて8個となれば「完全五度」と言えます。

さて、この確定した「ソ」に対し、鍵盤図の1オクターブ分の白鍵の列から右にはみ出した「高いレ」がうなりなく響く周波数比「高いレ／ソ」も、「ソから高いレ」を鍵盤図で数えてみれば<完全五度>、整数比はやはり3

／2と考えます。この1オクターブ下が「基音ド」の右隣の白鍵「レ」となるわけです。「レ／基音ド」の周波数比は、「<完全五度>を2回重ねて、1オクターブ下げる」ですので1.5×1.5÷2＝1.125　整数比で表すと9／8となります。このような<五度圏>計算をベースに一弦琴で実験し、周波数比をさらに補正、広義の純正律である「ピタゴラス音律」が成立しました。

基音ド(1/1)　レ(9/8)　ミ(81/64)　ファ(4/3)　ソ(3/2)　ラ(27/16)　シ(243/128)　高いド(2/1)

ピタゴラス音律は、後続のギリシャ～ローマの研究者に受け継がれると、さらにシンプルな整数比へと改変されました。やがて2世紀、半音も整数比で網羅された「完全純正律」が成立したといわれます。

　　レ♭(16/15)　ミ♭(6/5)　　　　ソ♭(7/5)　ラ♭(8/5)　シ♭(16/9)
基音ド(1/1)　レ(9/8)　　ミ(5/4)　ファ(4/3)　ソ(3/2)　ラ(5/3)　シ(15/8)　高いド(2/1)

完全純正律は調性が明確で主な3和音「ドミソ」「ドファラ」「シレソ」などはクリアに響きます。しかし半音を含めた12音の各音程間の数比関係は均等でなく、バラバラ。容易に転調できないという難点があるのです。

このため、西洋で作曲技法が複雑化する16世紀頃から、あらたに理論化されたのが「平均律」です。数学的には12音の周波数比を等比数列の公式から求めてしまおうという方法です。その公式は、a、ar、ar^2、ar^3…ar^{n-1}と表記され、ある1音と、その1オクターブ上の音の周波数比は1:2なので、$r^{13-1}=2$となります。よって、半音階12倍の1音ごとの周波数比は、

$$r=\sqrt[12]{2}=2^{\frac{1}{12}}\fallingdotseq 1.0594631\ (\fallingdotseq 1.06)$$

となります。純正律と比べると和音もごくわずかに濁る、という若干の欠点はありますが、どの音の間も同じ周波数比で、機械的に調律を行なうことが可能となり、容易に転調できるようにもなりました。

※つまり、平均律のピアノなら、演奏者は白鍵・黒鍵を任意に選び「移動ド」と決め、ドレミ音階を導けるのです。

そして、クラシックやポップスに親しんで、平均律に耳が馴染んでいる現代の私たち。だからこそ平均律とは違った西洋中世古楽器の音色や、世界の民族音楽、純邦楽・沖縄の三線の調べなどに触れたりするときに、不思議な感興をおぼえたり、「どこか懐かしい」と癒されたりもするのでしょう。

Mathematic History

数学の美をひも解く .05

子供の頃から数学力を磨く

タングラム、ハノイの塔など古いおもちゃでも数学力が磨かれる

古くから存在する知育玩具

　最近の赤ちゃんや幼児向けのおもちゃは、知育玩具と呼ばれるものが多くなりました。ようするに、遊びながら脳を鍛えようという製品です。しかし、知育玩具は、最近できたものではありません。古くから存在する玩具の中にも、数学力を鍛えられるものがあるんです！

　タングラムというおもちゃをご存知でしょうか？　正方形をいくつかに切り分けたものを使って、さまざまな形を作るというパズルです。2つの大きな三角形、中くらいの三角形、2つの小さな三角形、正方形、平行四辺形の合計7つの図形に分割されていて、長方形や三角形といった単純な図形だけでなく、動物や人物などの図形も表現することができます。シルエットパズルとして、大人向けの書籍なども発売されていますが、基本的には子供向けの玩具として親しまれています。タングラムは中国の宋の時代に考案されたといわれていますが、実際に文献に登場するのは、1800年頃です。

複数の図形を組み合わせてさまざまな形を作るシルエット・パズル「タングラム」

ヨーロッパでは、1805年に出版された本の中で紹介されていて、セント・ヘレナ島に流されたナポレオンも楽しんだそうです。ちなみに日本では、清少納言の板という、切り分け方が違うパズルが1732年に発行された書籍で紹介されています。実際にこうしたパズルを解くには幾何学をもとにした高度な数学力が必要になります。これらは立派な知育玩具だといえますよね。

タングラムと同じように、子供向けのパズルとして考案されたのがハノイの塔です。3本の柱と大きさの違う複数の円盤から構成されており、最初はすべての円盤が左端の棒に小さいものが上になるように積み上げられています。1回に1枚しか移動できないのと、小さな円盤の上には大きな円盤を乗せることができないというルールで、円盤を右端に移動させるのが目的となります。最初から多くの枚数でチャレンジするのは難しいので、最初は3枚の円盤から進めると解きやすくなります。手順さえわかれば円盤はいくつあっても、移動させることができますよ。ただし、枚数が増えるごとに手数が膨大になるので要注意。実際に数学的に考えると、n枚の数の円盤を移動させるには2^n-1回の手数が必要になります。この解法は、ソフトウエアのプログラミングとして有名です。遊んでいるうちに、無意識に数学的アルゴリズムが身につくというわけですね。

3本の杭と、大きさの異なる複数の円盤を右端に移す「ハノイの塔」

Mathematic History
数学の美をひも解く .06

身近なところに見つかる数学

実用品でも使われる黄金比や白銀比

日常にあふれる美しい比率の数々

建造物や美術品などに使われている黄金比と白銀比ですが、芸術界に限った話ではありません。実は、日常の中にも数多く見られる比率だったりします。

まずは黄金比に注目してみましょう。黄金比とは一般的に1:1.61≒5:8になる線分比です。自然界にも数多く見られる数値として、安心感や調和を与えるとされています。実際に身の回りに目を向けてみましょう。たとえば、鶏の卵を思い浮かべてください。なんと、縦と横の比が見事に黄金比になっているのです。なんとなく、愛らしく見えるのは黄金比のせいかもしれませんね。

また、ビジネスマンの必須アイテムとなる名刺も縦と横の比率が1:1.61という黄金比が採用されています。相手に安心感を抱かせる数値ということなんでしょう。納得しちゃいますね。最近では、素材や形に凝っている名刺も増えているみたいですが、基本となる黄金比は変えないほうがいいのかもしれません。

さらに、人気の携帯音楽プレイヤーの縦横比も、多くは黄金比の近似値になっています。スタイリッシュなデザインと感じる理由の一因になっているのかもしれません。パソコンのワイド型モニタ（UXGA）も1200×1920という縦横比になっており、黄金比に近くなっています。ほかにも、ちょっと懐かしいテレフォンカードの縦横比にも、黄金比が採用されていますね。

　続いて、日本古来の比率となる白銀比を探してみましょう。200ページでも紹介したように、白銀比は一般的に「1:1.41≒5:7」の線分比です。大和比ともよばれ、日本人に親しみやすい比率として知られています。

　日常生活で見られる白銀比のなかで、代表的なものとしては用紙サイズが挙げられます。いわゆるA4サイズやB5サイズなどで呼ばれているものですが、縦と横の比はどのサイズをみても1:1.41となっています。A4の場合、縦が297mm横が210mmです。297÷210≒1.41となり、白銀比といえるわけです。

　ちなみに、用紙サイズの数字は、大きくなるごとに面積が半分になっていきます。つまり、A4サイズの長い辺の中心で半分に折ったものがA5サイズです。このとき、A5サイズの縦横比もしっかり白銀比となります。具体的に見てみると、A5サイズはA4サイズの縦が半分サイズで横になり、横が縦となるので210mm×148.5mmです。比率を見てみると、210÷148.5≒1.41となりますね。面積を半分にしても、比率が維持されるというのも白銀比の大きな特徴です。見た目の美しさを表現する黄金比と比べると、白銀比は建築現場や実務で使われることから実用性の美を追求した比率といえるかもしれませんね。

名刺やパソコンのワイド型モニタなどの縦横比は黄金比が採用されています。それに対し、一般的な用紙サイズでは、1:1.41となる白銀比が用いられています。デザインの黄金比、実用性の白銀比といえるかもしれませんね。

【著者紹介】
菊川 怜(きくかわ・れい)
1978年生まれ。東京大学工学部建築学科卒業。東レキャンペーンガール、雑誌『Ray』専属モデルを経て、女優デビュー。03年ゴールデン・アロー賞受賞。以来、映画、TVドラマ、舞台で様々なヒロインを演じて好評を博している。また、バラエティ司会や報道番組キャスター、CM、雑誌、書籍などでも幅広い才能を発揮。09年には読売新聞「平成百景」選考委員を務める。趣味・特技は、映画鑑賞、テニス、水泳、そして数学。オスカープロモーション所属。
URL http://www.oscarpro.co.jp/

オビ・本文(P.2)写真/©株式会社オスカープロモーション
マネジメント/鈴木誠司　今井昌幸　木原正之
　　　　　　鞍智元章　新谷朋成[株式会社オスカープロモーション]
委託編集業務/株式会社クランツ　デザイン・DTP/株式会社ペンシルロケット
総合プロデュース/古賀誠一[株式会社オスカープロモーション]

菊川 怜の数学生活のススメ

2011年8月10日　第1刷発行

著　者　菊川 怜
発行者　友田 満
印刷所　玉井美術印刷株式会社
製本所　株式会社越後堂製本
発行所　株式会社日本文芸社　〒101-8407　東京都千代田区神田神保町1-7
TEL.03-3294-8931[営業]、03-3294-8920[編集]
振替口座　00180-1-73081

ISBN978-4-537-25759-5
112110730-112110730Ⓝ01
編集担当・雲居(日本文芸社)

URL http://www.nihonbungeisha.co.jp